U0219310

指尖漫舞：日本名师手作之旅

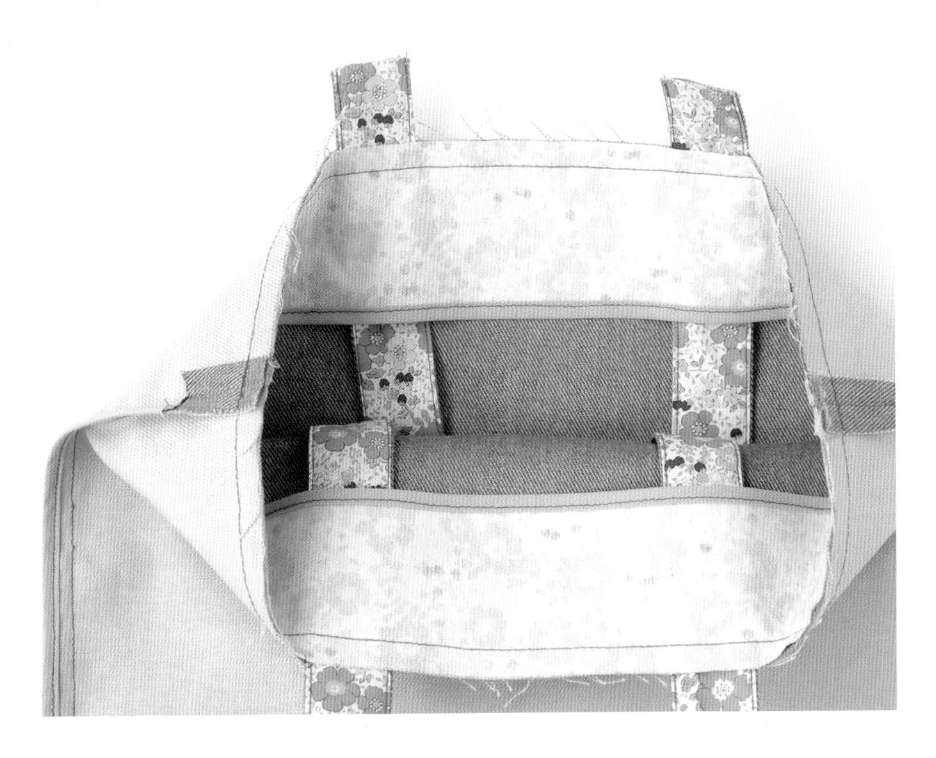

提手带、拉链、口袋、五金件……掌握所有你想学习的手工布包知识！

自己做百搭简约风布包

[日] 水野佳子 著

袁蒙 译

机械工业出版社
CHINA MACHINE PRESS

前 言

这本书将对手工布包制作的各方面进行详细介绍，以帮助读者逐步提高制作技能。
很多人在制作手工布包时，虽然对某些方面一知半解，却只能硬着头皮往下做。

制作手工布包前，请先大体了解整个制作流程。
对于那些看不懂的地方，也无须强迫自己去理解，不妨拿起布料，一边制作，一边阅读。
在制作过程中，或许还能发现一些并未被写入书中的“诀窍”。
发现这些“诀窍”，依靠的是自己双手的感觉。

这本书没有特定的使用方法。
也许你从未制作过手工布包，也许你只是想了解某些感兴趣的内容，也许你有一些想做成包包的布料……一旦有了“想要制作手工布包”的想法，无论出于什么理由，只要你想学习制作手工布包，都可以翻开这本书。

那么，你打算选择何种布料来制作第一个手工布包呢?

水野佳子

目 录

前言

Lesson 1 布料的选择与黏合衬 4 圆底包 8

Lesson 2 提手带 11 拼布提手带包包 15

Lesson 3 墙子 18 有侧面墙子的单肩包 23

Lesson 4 包口 26 拉链圆筒包 32
（拉链 / 磁扣 / 纽扣 + 扣绳）

Lesson 5 口袋 35 多口袋帆布包 40 用包边条包边 43

Lesson 6 褶裥与抽褶 44 褶皱饺子包 47

Lesson 7 里布 50 带里布的托特包 53

Lesson 8 五金件 56 挎包 60

Lesson 9 金属气眼与铆钉 63 束口水桶包 67

Lesson 10 底板与底钉 70 波士顿包 76

进阶课 制作完美手工包的进阶课程 81
（修整布纹和过水 / 剪裁 / 机缝 / 熨烫 / 使用锥子）

布料的选择与黏合衬

制作手工包前，首先需要确定选择何种布料。一般来说，使用任何布料都可以制作手工包。在选择布料前，先来一起了解一下各种布料的特点吧。

选择喜欢的布料，了解各种布料的特点。

布料的种类

棉布（较薄质地至普通质地）

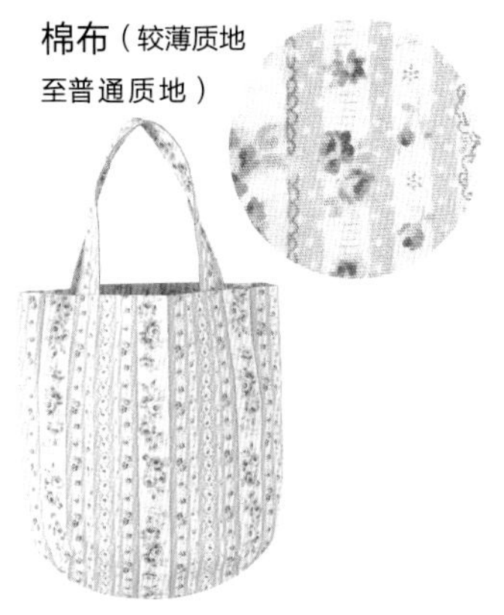

触感较好，易于处理，因此可用于制作各种类型的布包。这类棉布中比较受欢迎的是细平布（lawn）和密织平纹布(broad cloth)。细平布由细线密集织成，特点是比较柔软；而密织平纹布的特点是表面有光泽。

棉布（较厚质地）

主要包括帆布、牛仔布(denim)、牛津布（oxford）等。这类棉布布料较厚，比较结实，因此常用于制作波士顿包和大号托特包等大尺寸的包包。因为布料硬，难以抽褶，所以不适合制作祖母包和褶皱包等。

亚麻布

亚麻布由麻线织成，风格独特，给人以清爽感。这种布料质地结实，只适合制作特定形状和大小的包包。可不使用黏合衬，以凸显其自然风特色。

棉麻布

掺入麻线的棉布，质地紧密，便于制作。虽然棉麻布包大多为里外都有图案的双面包，但是仅使用单层布料（无里布），制作出的包包也很精美，并且操作十分简单。

针织布

比梭织布伸缩性强，但不够坚挺。制成大包会很容易变形，因此不加衬布时，建议用其制作小尺寸包包。加上针织布专用内衬，可以防止包包变形。

羊毛布

主要包括粗呢（tweed）、人字呢（herringbone）、法兰绒（flannel），由羊毛粗织而成，具有保温性好、透水性强、不易被弄脏等优点。不过，利用这类布料制作的包包不够坚挺，建议加上里布。

防水布

这种布料表面有一层塑料涂层，既有张力又不易绽线，十分适合制作包包。但这种布料质感较硬，不适合制作褶皱包等。此外，防水布还具有耐脏、防水的特点。

人造皮毛

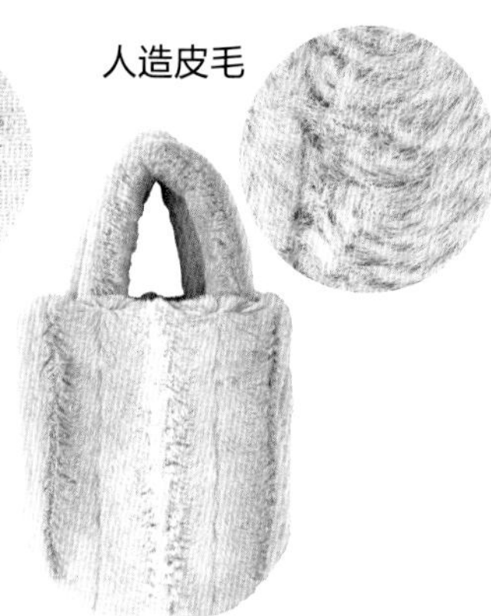

模仿动物皮毛制成的长毛材料，独具毛茸茸的豪华质感。使用这种材料制作包包时一般需要加上里布，以使其更加坚挺耐用，不易变形。

如果布料不够坚挺，可以加上黏合衬。

黏合衬的种类

布质黏合衬（织造黏合衬）

布质黏合衬沿斜向延伸，适合与平织布料搭配使用，可使柔软的布料略有张力，更加坚挺，可完美呈现包包的轮廓。

无纺布黏合衬（非织造黏合衬）

无纺布由纤维黏合而成，不具有伸缩性。无纺布黏合衬可用于加固布料，使其不再伸缩变形。同时，此类黏合衬还适用于提手带、包底等需要稳固坚挺的部分。

加棉黏合衬

加棉黏合衬厚度大约为 0.5cm。这种黏合衬除了能够加固布料，还可使布料更加蓬松丰满。因其具有一定弹性，可用于制作盛放怕磕碰挤压物品的包包。

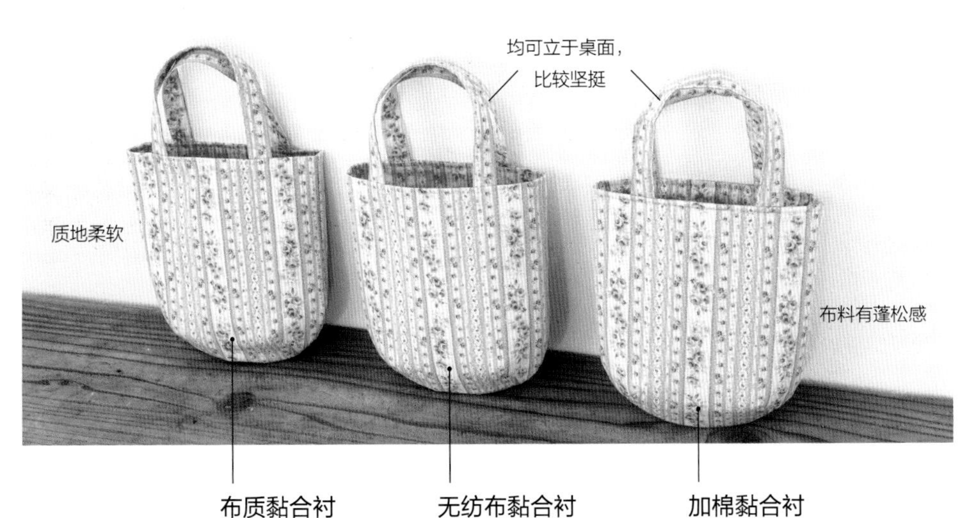

在相同棉布后粘贴三种不同的黏合衬……

在柔软、不坚挺的棉布（普通质地）后粘贴布质黏合衬，布料呈现出自然软度，颇具美感。粘贴无纺布黏合衬可保持包包形状，使其非常坚挺，包口处线条饱满。使用加棉黏合衬可使包包形状立体，具有蓬蓬感和圆润感。

※左图的三个布包都粘贴了黏合衬，加了里布。制作方法请参考第 9 页。

制作布包时，哪些布料不容易出褶皱？

棉布、亚麻布等天然纤维织物容易出褶皱，涤纶布、尼龙布等化学纤维织物及由这类纤维混纺而成的布料不容易出褶皱。在天然纤维织物上粘贴黏合衬，可在一定程度上起到防止褶皱的作用。

如何使用贴纸型黏合衬？

贴纸型黏合衬不需要熨斗，可轻松粘贴。不过有的贴纸型黏合衬也有一些不便之处，比如胶会沾在缝纫针上。粘贴这种黏合衬时，要尽量避免其接触到缝纫线。

黏合衬的粘贴方法

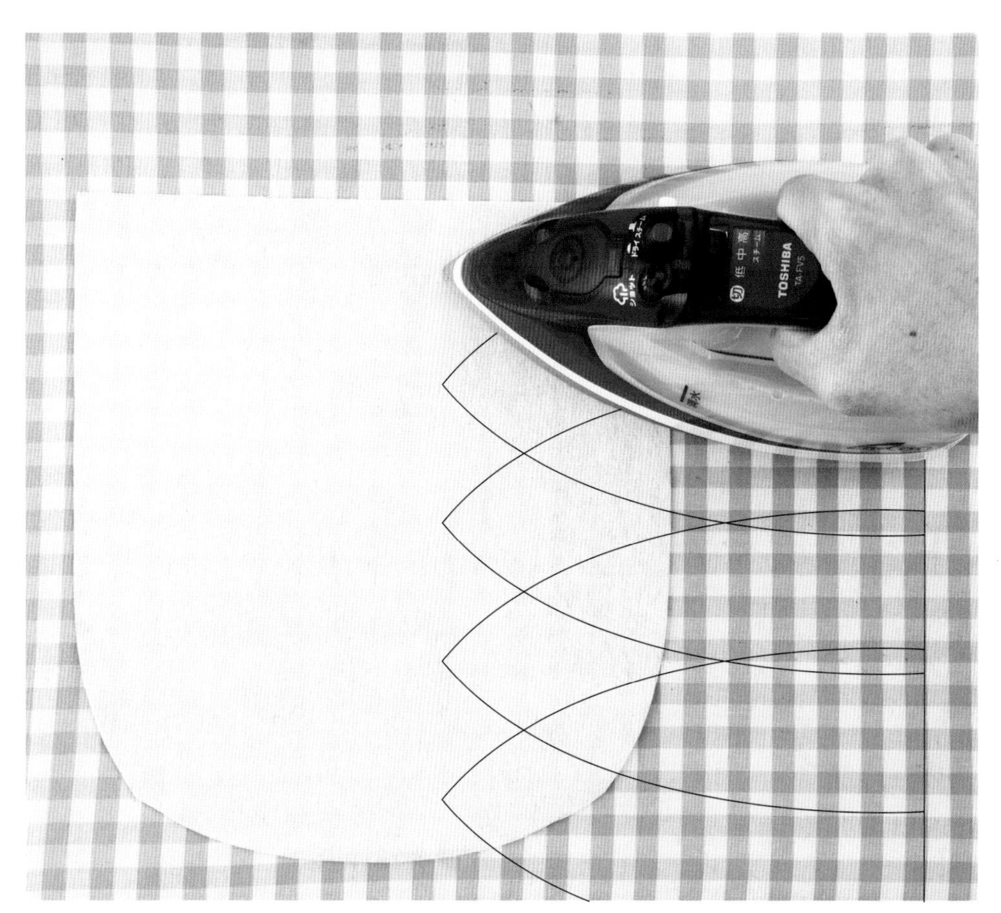

黏合衬

将布料反面朝上平铺开，然后将黏合衬上带有黏着剂的一面朝下，铺在布料上，之后用干熨斗将其简易固定，以保证黏合衬位置不发生偏离。放置熨斗时，要从布的边缘开始以将熨斗轻压抬起的方式一点点地移动，而不能在黏合衬上滑动。然后，使用蒸汽熨斗熨烫黏合衬，之后再使用干熨斗用力下压熨烫一遍，最后将布料冷却。

加棉黏合衬

将黏合衬上带有黏着剂的一面朝上平铺开，然后将布料反面朝下，铺在黏合衬上。之后使用蒸汽熨斗均匀地熨烫，使二者黏合在一起。

Q 为什么粘贴黏合衬后，黏合衬皱巴巴的？

A 粘贴黏合衬时，一般使用中温熨斗进行熨烫。如果温度过高，再加上蒸汽的作用，会使黏合衬缩水，出现褶皱。在进行熨烫前，应当提前阅读熨斗使用说明书，确认合适的温度。有时候，使用的布料与黏合衬不匹配（如缩水率相差较大），也会导致这样的结果，因此建议制作前提前试验一下。

Q 已经很小心了，但还是有些地方没有粘贴上……

A 熨斗的底部有几个喷出蒸汽的蒸汽孔，无论怎样用力按压，压力都无法传递到蒸汽孔的位置，因此进行粘贴时，要使用没有蒸汽孔的地方对布料进行全面按压。

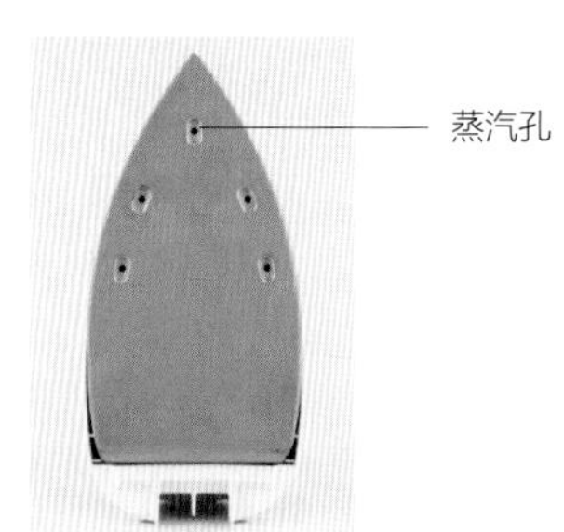

Q 粘贴多大的黏合衬合适？

A 一般情况下，会将黏合衬裁剪得与布料大小一致。黏合衬应覆盖住缝纫线的位置，这样正式缝纫时也可同时将黏合衬缝在布料上，由此避免黏合衬脱落。

黏合衬的挑选方法

织造布料比较适合搭配同类型的布质黏合衬。无纺布黏合衬与织造布料的伸缩性不一致，可能会导致黏合衬出现褶皱或脱落，需要特别注意。此外，粘贴黏合衬后，布料的风格会发生变化，建议配合所期望的成品风格进行黏合衬的选择。

棉布

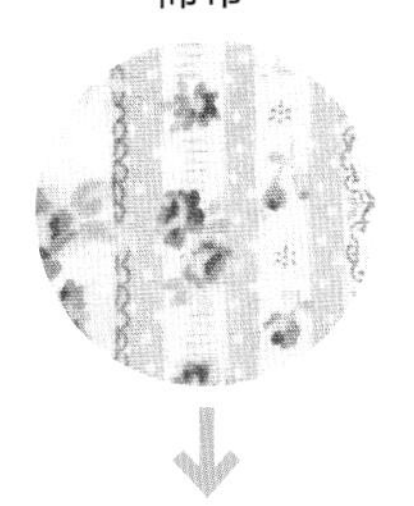

布质或无纺布黏合衬

棉布适合搭配同类型的布质黏合衬或较薄的无纺布黏合衬。如果想使布料更加结实，可再加上一层里布。

羊毛布

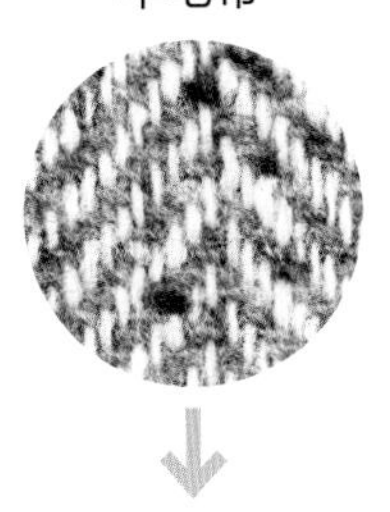

布质或无纺布黏合衬

羊毛布织线较粗，织法比较随性，制作布包时务必要粘贴黏合衬。如果只是想加固布料，可以选择较薄的黏合衬；如果还想使布料更加结实，可以选择较厚的黏合衬。

人造皮毛和防水布

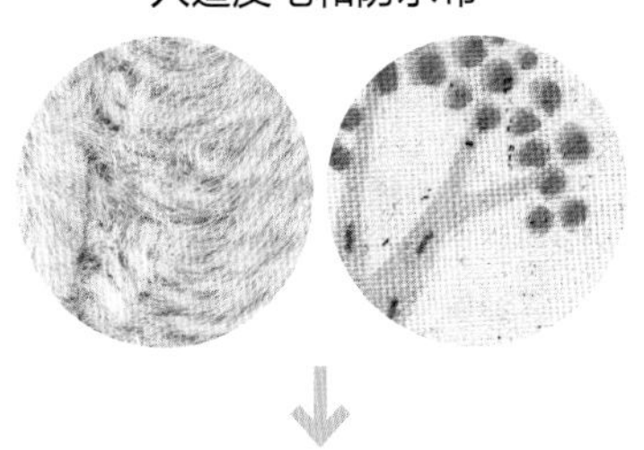

人造皮毛不耐热，因此不能使用熨斗粘贴黏合衬。防水布有涂层，布料本身已经具有张力，因此不需要粘贴黏合衬。

Q 使用拼接布制作布包时应该如何选择黏合衬呢?

A 如果使用的是拼接布，应当选择厚度相当的布料进行拼接，如羊毛布与帆布等，然后根据其厚度选择合适的黏合衬。如果拼接布块之间厚度有差异，则应当使用不同厚度的黏合衬将布块厚度调整至一致。

Q 为什么粘贴黏合衬后，布料变得皱巴巴的?

A 出现这样的情况，大多因为将厚度、织法、质地差异较大的布料与黏合衬组合在了一起，如在薄布上粘贴了较厚的无纺布黏合衬。

圆底包
→原大纸样 A 面

使用相同纸样，制作两种不同布料的小包。
羊毛布比较柔软，因此又制作了里袋；
而棉麻布比较厚实，使用单层布料即可完成制作。

左侧包为羊毛材质，右侧包为棉麻材质。底部打了褶，制作成饱满、可爱的形状。

羊毛布包的里袋使用的是密织平纹布，并选择了表袋布料中的某种颜色，相互呼应，色彩上给人以平衡感。

制作方法 *为了便于读者理解，这里使用的布料、缝纫线的颜色与第 8 页成品不同。

材料

○单层包

表布 70cm×40cm

○带里袋的包

表布 70cm×40cm

里布 50cm×30cm

成品尺寸

21.5cm×20cm（高×宽，不含提手带）

+制作要点

下面介绍单层包和带里袋包的制作方法。这两种成品的尺寸基本相同，但包体部分的开口与提手带的缝份有所不同，描纸样时请注意。

剪裁图（单位：cm）

单层包

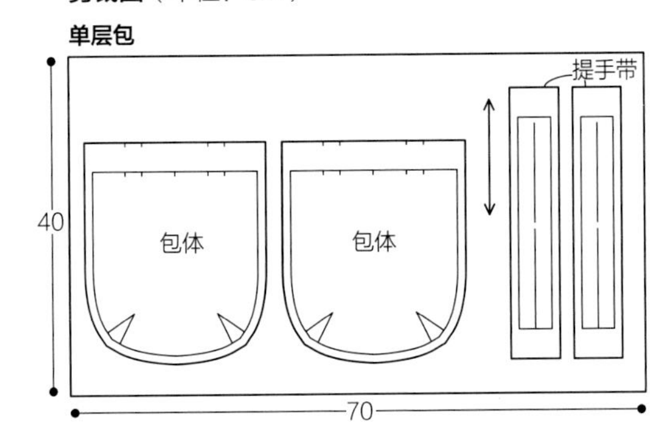

带里袋的包　表布

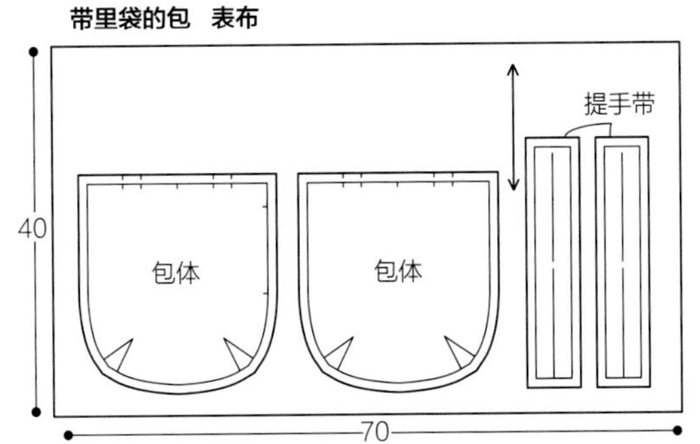

带里袋的包　里布和黏合衬

○单层包

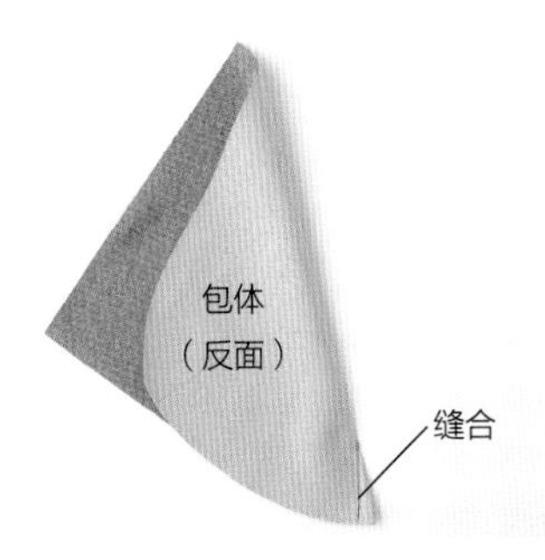

1 折叠布料，按图示将布料正面相对折叠，露出反面，使两根红线处重合，沿着红线缝合，两端用回针缝。

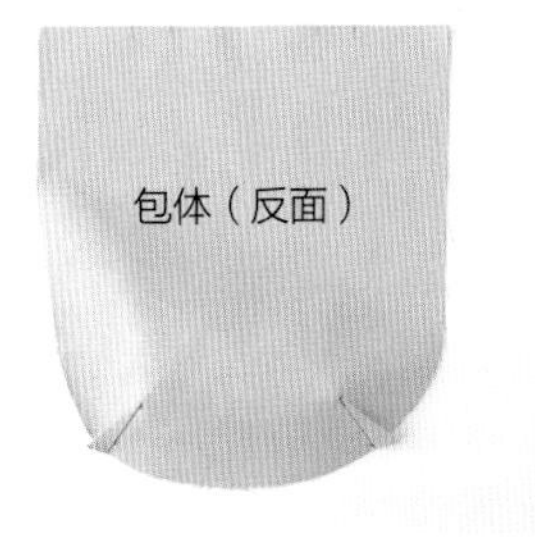

2 用熨斗熨烫，使打褶形成的小三角形朝上。另一侧也采取相同方法处理。

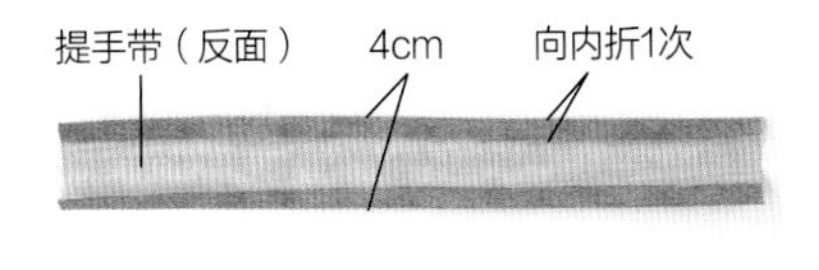

3 制作提手带。两侧各向内折出缝份，之后用熨斗熨烫平整。

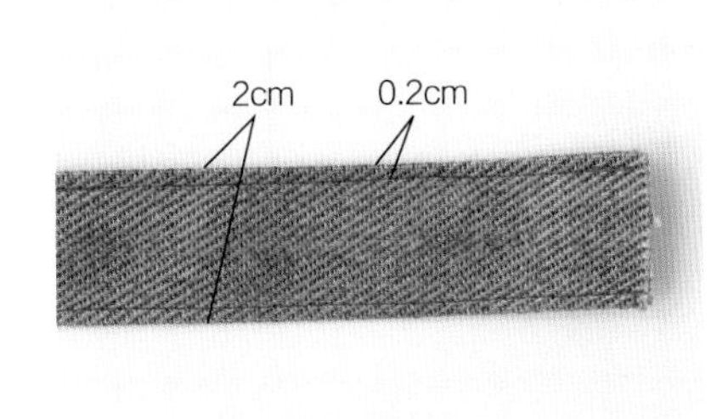

4 上下对折，之后用熨斗熨平，将两侧明线缝合。另一根提手带也采取相同方法处理。

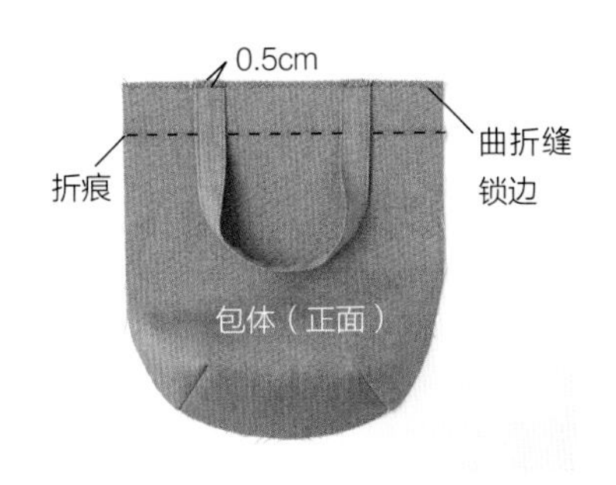

5 折出包口处的缝份，用熨斗熨烫平整。将提手带疏缝在包口处的缝份上，曲折缝锁边。另一侧也采取相同方法处理。

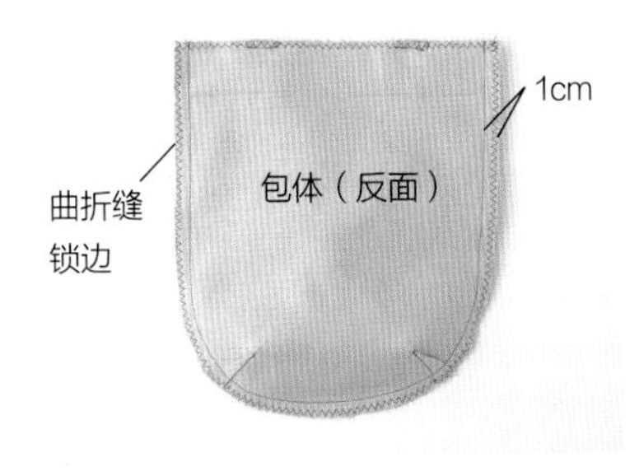

6 将两片包体正面相对缝合两侧和底部，并沿边缘曲折缝锁边。

7 将缝份压向一侧，用熨斗熨烫平整。

8 将包体翻至正面，调整形状。将包口处沿第5步的折痕向内折并明线缝合。

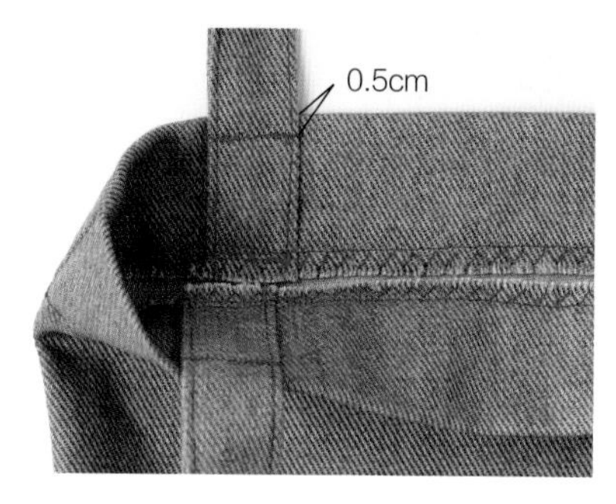

9 将提手带缝在包口处。

带里袋的包

1 根据需要，在包体反面粘贴黏合衬，之后在表布和里布上分别打褶并缝出小三角形。小三角形部分重合时，将其上下错开，使表布小三角形在上，里布小三角形在下，保证小三角形部分厚度均等。

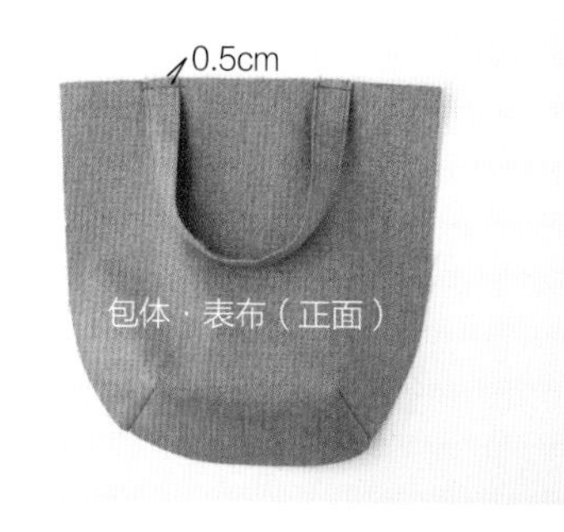

2 制作两条提手带，分别疏缝在两片表布的缝份上。提手带的制作方法请参考前一页的单层包。

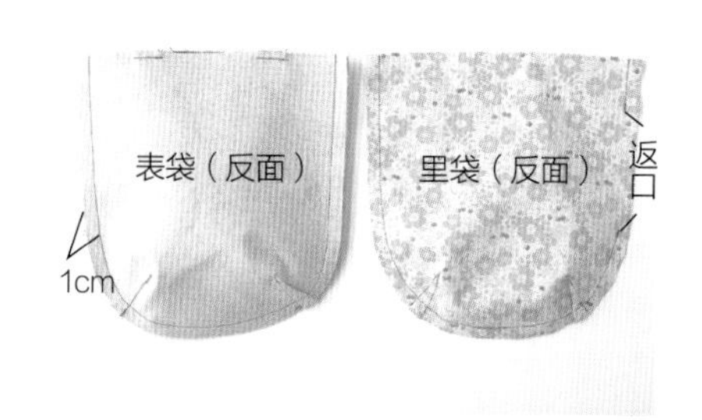

3 将两片包体表布和两片里布分别正面相对，对齐后沿边缘缝合。里布需留出返口，并使表袋和里袋的缝份倒向一侧。

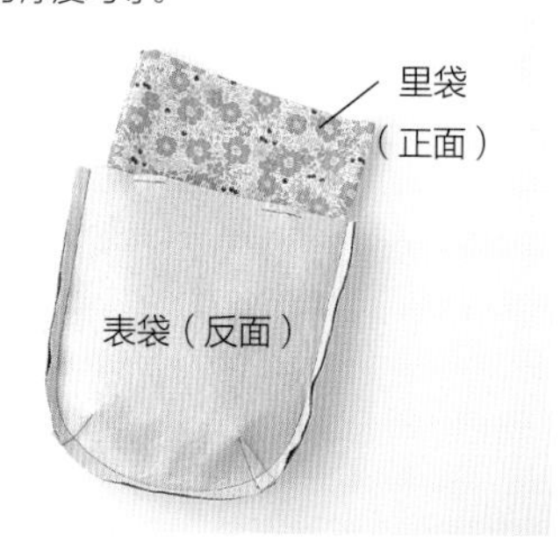

4 将里袋翻至正面，放入表袋中，与表袋正面相对，并使表袋和里袋的缝份错开。

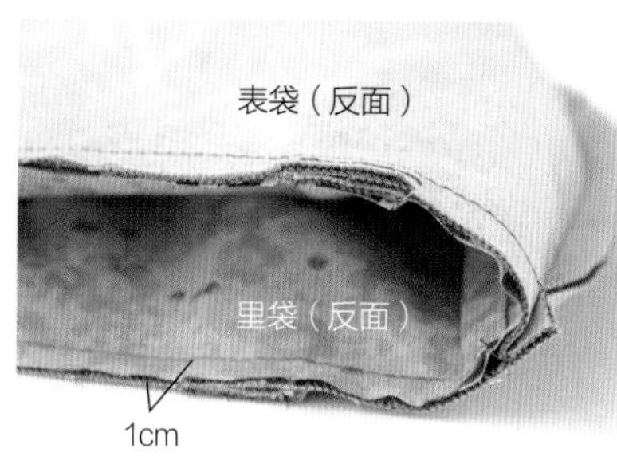
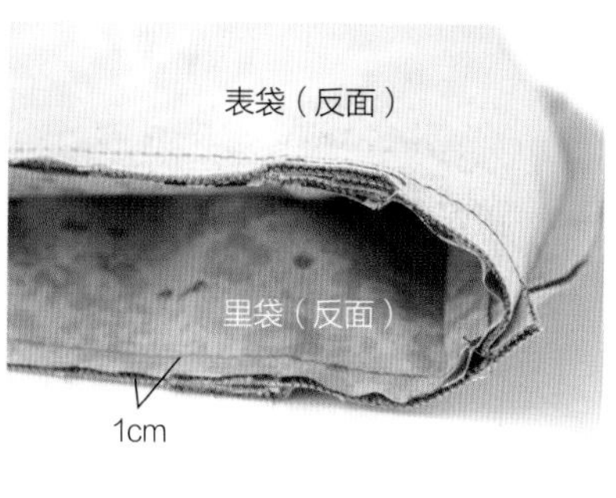

5 将包口部分缝合。

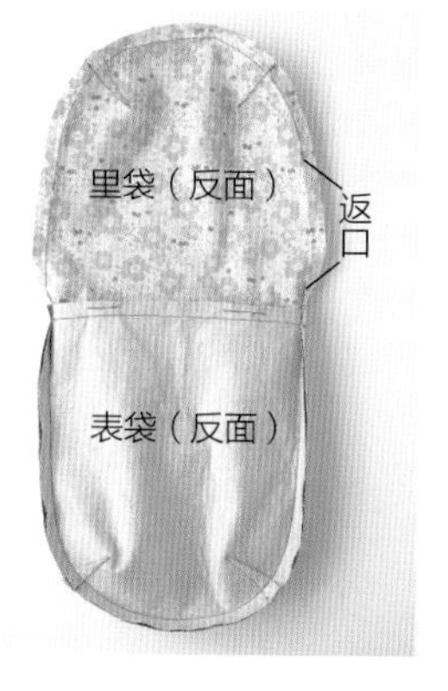

6 抽出里袋，从返口处将包体翻至正面，调整形状。

7 用立针缝方法缝合返口。

8 在包口处明线缝合。

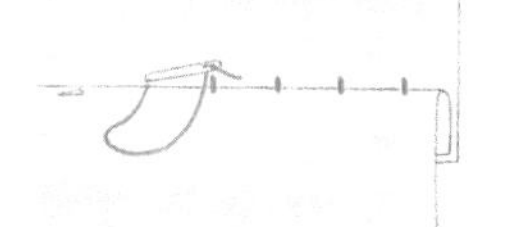

立针缝

每一针的间隔为2~3mm，露在表面的缝纫线呈垂直状。这种缝法针脚不明显，所以很适合用来缝合返口。

提手带

对于一个包包来说，提手带必不可少。
提手带要足够结实，能够承担一定重量；其长度、宽度也值得考量，以保证实用性。
同时，提手带也影响着包包整体的设计感。

一起来选择提手带的款式和材料吧！

提手带的种类

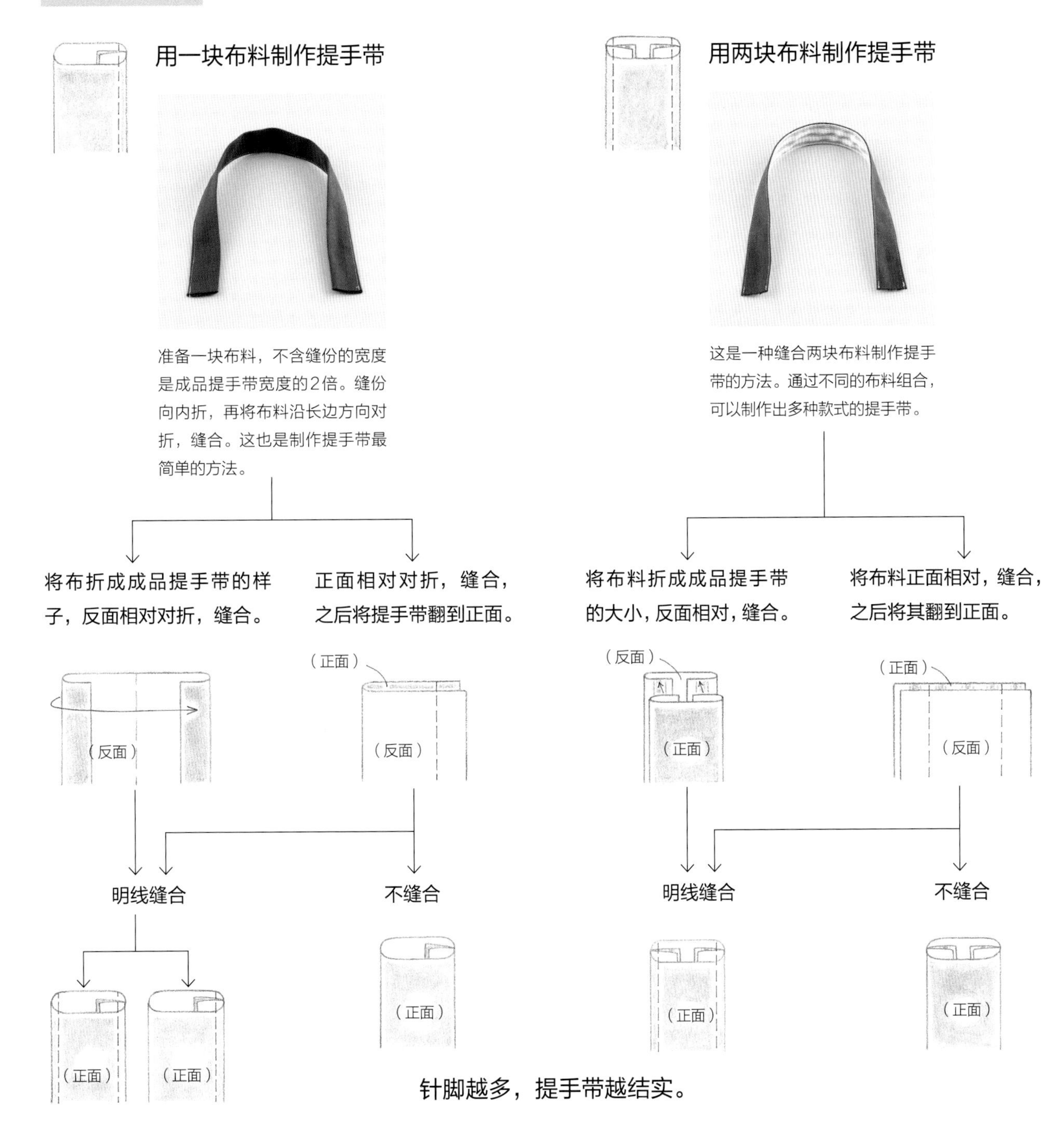

准备一块布料，不含缝份的宽度是成品提手带宽度的2倍。缝份向内折，再将布料沿长边方向对折，缝合。这也是制作提手带最简单的方法。

这是一种缝合两块布料制作提手带的方法。通过不同的布料组合，可以制作出多种款式的提手带。

针脚越多，提手带越结实。

在制作提手带时加入不同质地的条带

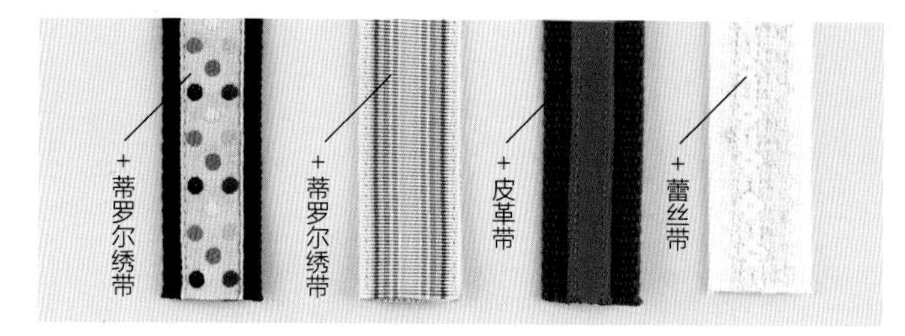

这些是在条带上叠加条带缝制而成的。这样不仅增加了提手带的设计感，同时也让其更加结实，一举两得。

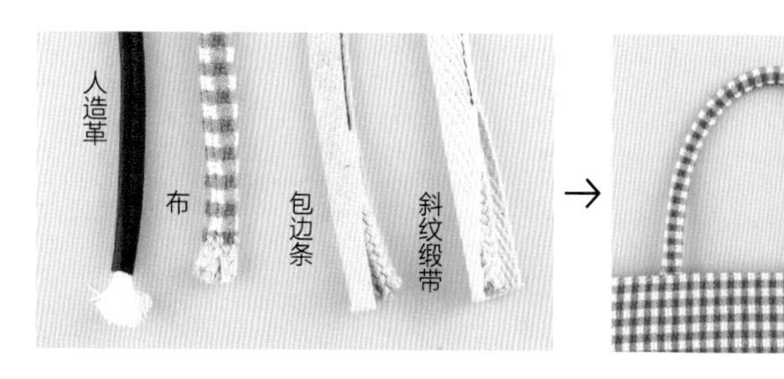

将布条沿长边方向对折，然后将绒球花边夹在其中，缝合，便制成了一条可爱的提手带。

加入内芯

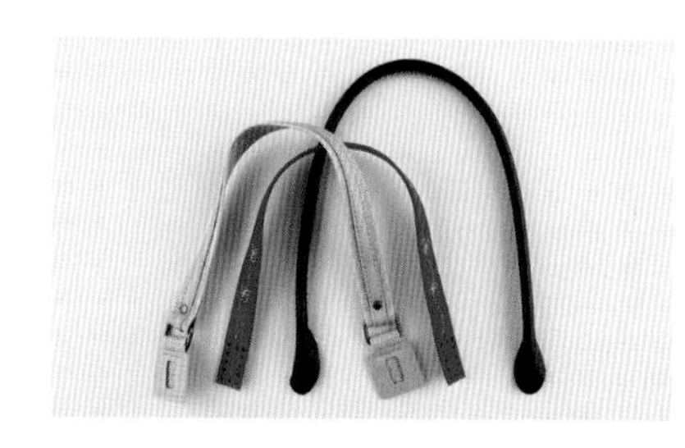

→

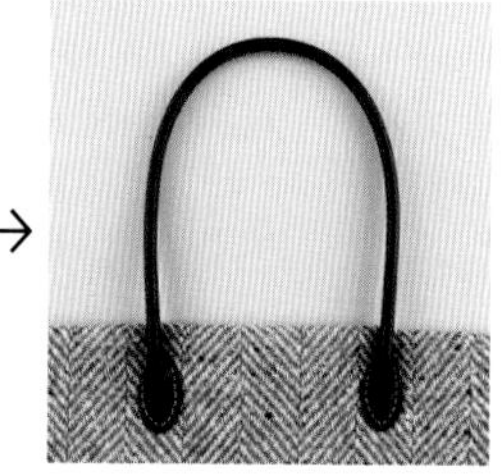

将布条卷成筒状，在其中加入市面上出售的内芯或细绳制成提手带。也可使用包边条（斜裁布条）和斜纹缎带等代替普通布条。

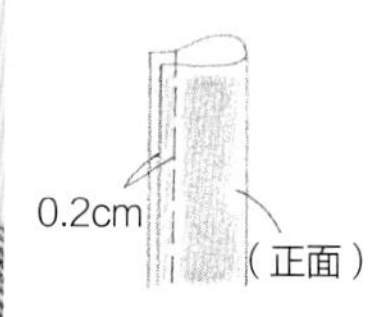

将布料正面相对沿长边方向对折，缝合，将其翻到正面，放入内芯。

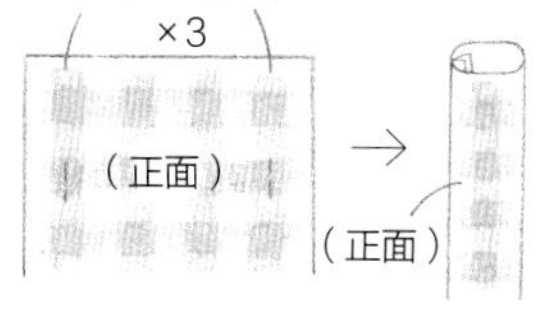

如果使用包边条或斜纹缎带，则将布料正面朝外，沿长边方向对折，缝合，放入内芯。

使用市面上出售的成品提手带或条带

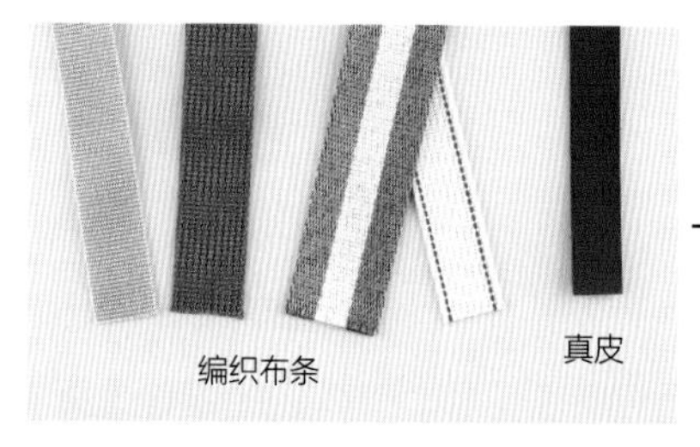

→

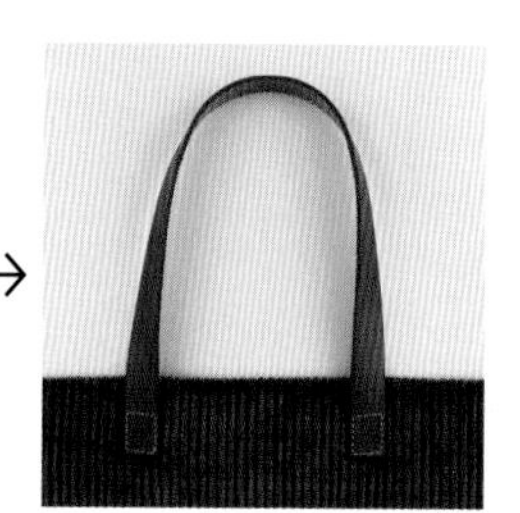

编织布条　真皮

→

上／装上真皮或人造革质地的提手带，包包便正式完工了。
下／市面上可以买到腈纶、尼龙、皮革等各种材质的条带，制作包包时可根据其风格进行选择。

Q 布料太厚，用珠针无法固定怎么办？

A 如果使用的是帆布或牛仔布等较厚的布料，可能很难用珠针固定。这种情况下推荐使用夹子。此外，也可以使用熨烫式双面胶带。

安装提手带的关键：准确比对标记，将其简易固定。

提手带的安装方法

明线缝合

这种安装方法仅适用于条带型提手带，缝出的针脚也是提手带款式的重要部分。a、b 两条线迹不要与提手带的缝合线迹交叉。

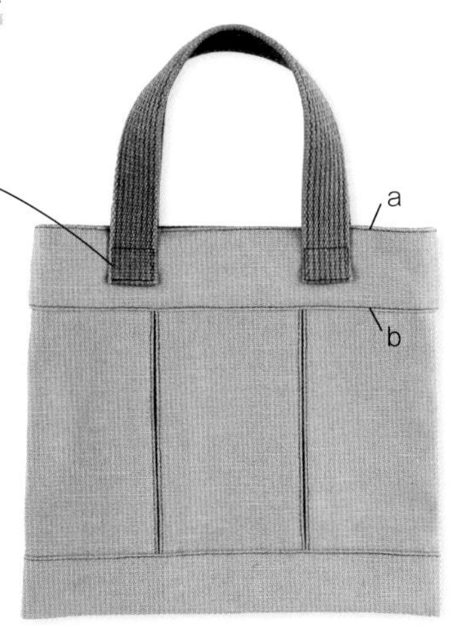

将提手带夹在里袋和表袋折边之间

将提手带的两端藏在包内侧，看起来简约清爽。这种方法适用于安装各种类型的提手带。

提手带的长度、宽度与两端的间隔

由于款式及个人使用习惯不同，提手带的长度、宽度及两端的间隔不可一概而论，右图的设计是比较常见的。缝合前可以先简易固定，实际提起包体，感受提手带是否合适。

○ 标准尺寸（提手带）

长 30cm

手提包的提手带长度为 20~40cm，单肩包的则为 45~60cm。

宽 2.5cm

一般提手带宽度为 2~2.5cm。如果宽度超过 3cm，握在手中会不太舒服。此外将手握的部分对折，缝合长度约为 10cm，这样的设计手感最为舒适（如图所示）。

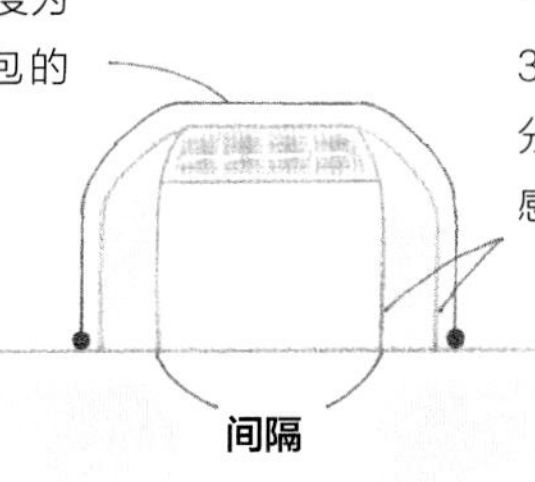

间隔

根据包口大小及提手带宽度，提手带两端间隔为 7~12cm。固定提手带时要确保提起包包时两端能够保持平稳。

将布料正面相对缝合后，再将正面翻出来时很难操作，怎么办？

如果使用的布料比较厚，而且宽度较窄，将正面翻出来确实比较难，这时可以选择正面朝外的缝合方法（请参考第 11 页）。将正面翻出来有很多种方法，最简单易行的是借助一根小细棍或筷子，此外，市面上还有一些专用工具，也很方便。

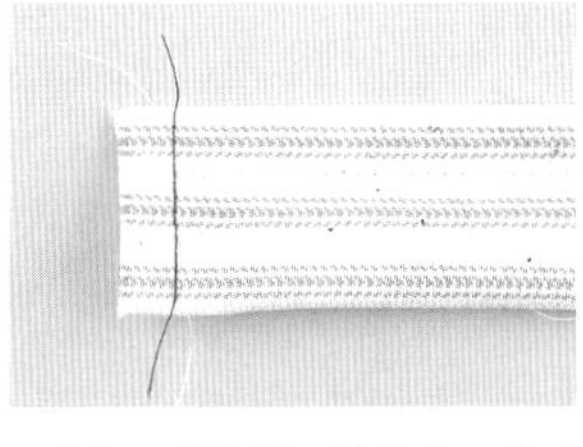

1 将提手带布料一端缝合。稍后还需将其拆开，因此无须回针。

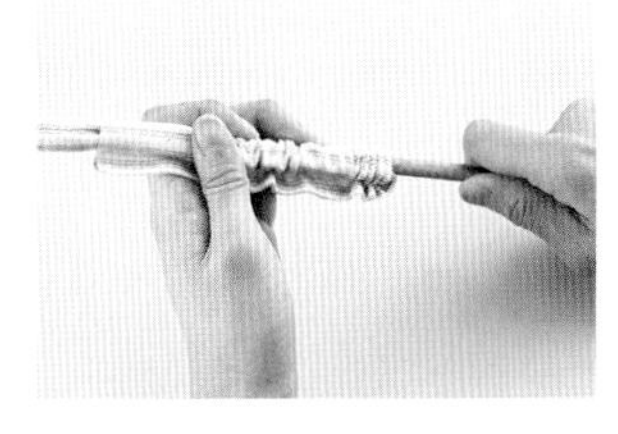

2 用筷子顶住刚才缝合的部分，将正面翻出。

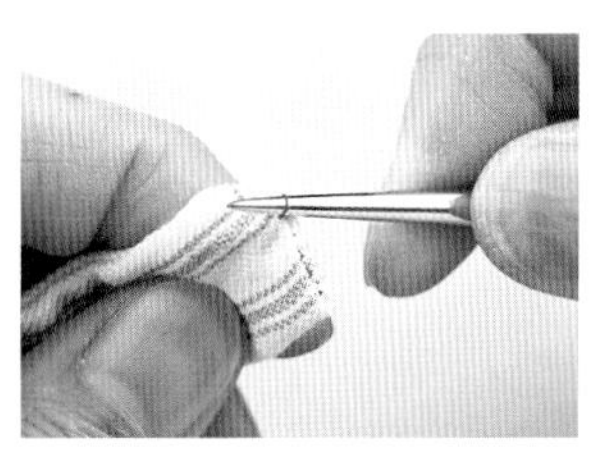

3 当正面完全被翻出后，再使用锥子将第 1 步中的线拆除，并使用熨斗熨平。

如何完美地固定布料较厚的提手带？

A 如果是布料较厚的提手带，用珠针固定时可能会出现珠针弯曲或者偏离的情况，操作起来难度较大。这种情况下可不急着缝合，先用缝纫机将其简单固定，然后再慢慢缝合。

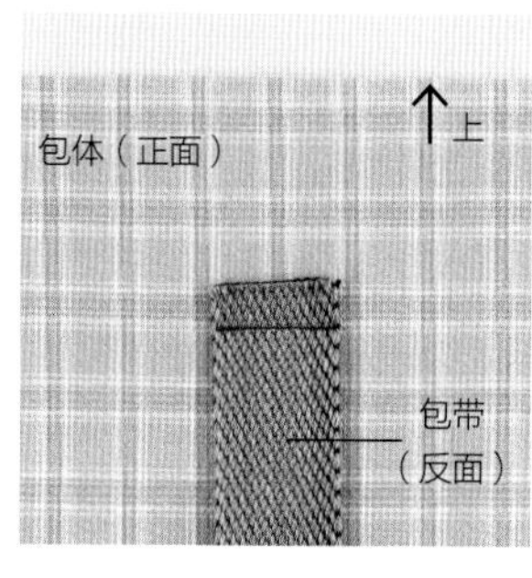

1 在提手带下方用缝纫机缝合。

2 将提手带向上折，用熨斗熨烫平整；如果熨烫后效果不佳，可使用木锤敲打压平。

3 明线缝合即可。

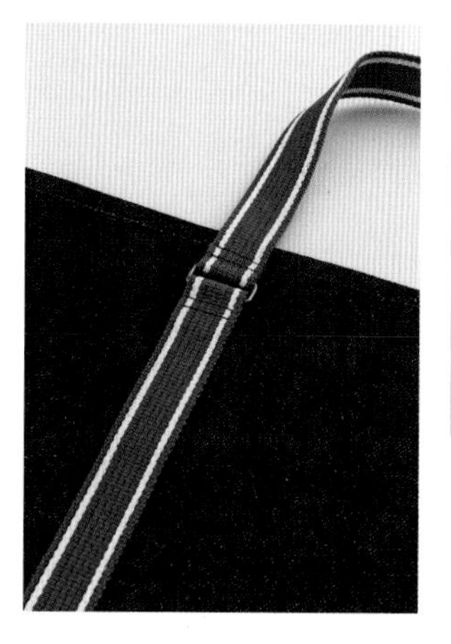

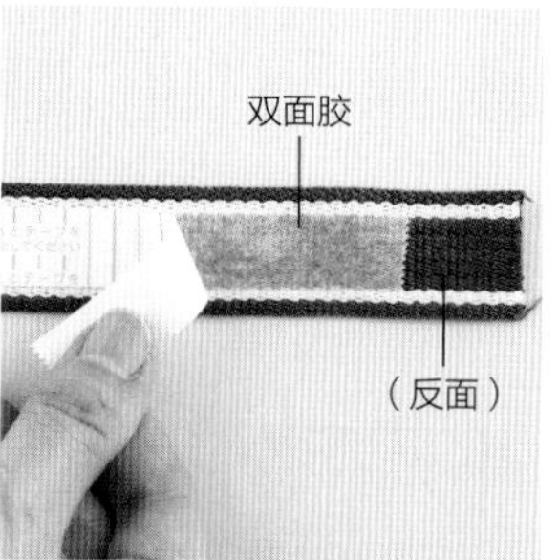

如果包包的款式是那种需要将提手带绕表袋一圈缝制的，那么推荐使用粘力较强的手工作业用双面胶带，以简单固定提手带。将提手带的中央及不需要缝制的部分贴上双面胶带，粘在表袋上，先缝提手带的一侧，然后撕掉胶带再缝另一侧。

安装提手带既美观又结实的缝合方法有哪些呢？

最常见的缝合方法是在四边形中缝一个叉。无论选择哪种缝合方法，都应当从下边开始缝，这样提手带不易偏离，上下各缝两圈还可使其更加牢固。除此之外，还有其他缝合方法可供参考（见下图），其关键均在于不间断地缝制一圈。

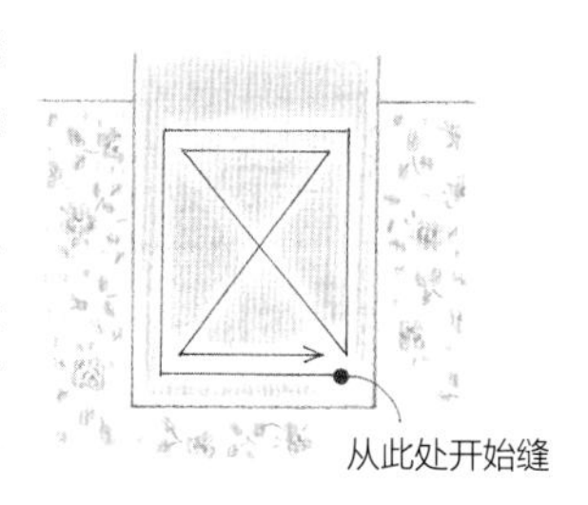

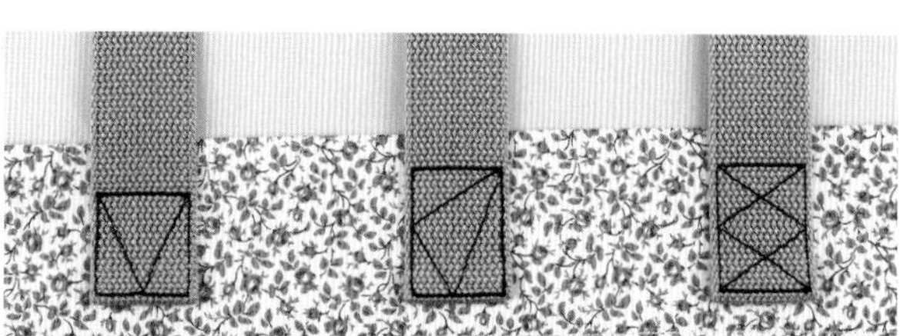

从下边开始缝，然后再回缝一圈。

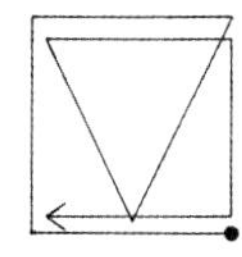
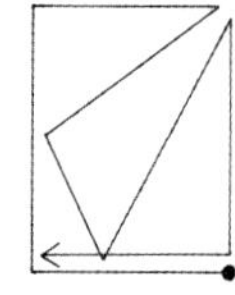
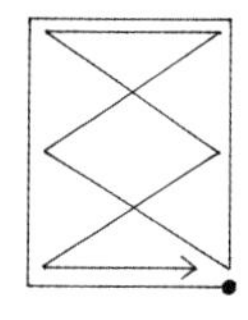

将布料较厚的提手带夹在表袋和里袋之间缝纫时，表袋和里袋总是对不齐，怎么办？

A 布料较厚的提手带夹在表袋和里袋之间，厚度过大，可能会导致缝纫机无法送布。先用珠针将提手带简易固定在一块布料上，然后双手用力抻平放在上面的布料进行缝纫。另外，如果把固定提手带的布料放在下面，另一块布料放在上面，那么上面的布料会沿着提手带的形状出现褶皱，因此应当将固定提手带的布料放在上面进行缝纫。

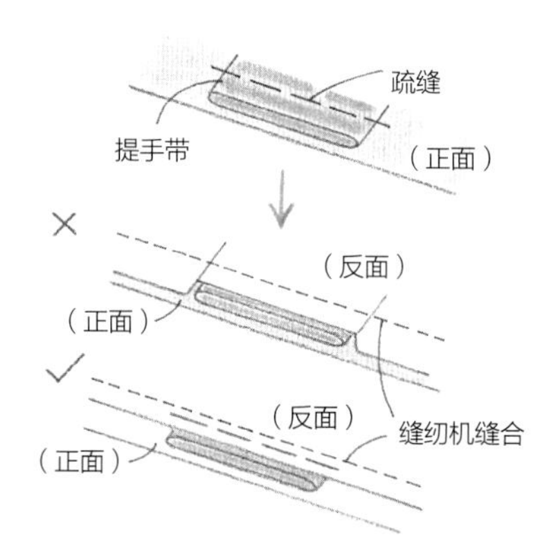

拼布提手带包包

→原大纸样A面

这是一款外观简洁的布包，
但实际上，它的提手带和折边都很讲究。
变换布料的组合，也能营造出不同的效果。

表袋使用了较厚的布料，提手带内层布、折边、内褶则使用了比较薄的布料。

提手带由两块布料缝制而成，并特意使两块布料宽度略有不同，可以凸显内层布的花纹，是这款布包的设计亮点之一。当包包装了东西膨胀起来时，内褶就会打开，露出花纹。

制作方法

* 为了便于读者理解，这里使用的布料、缝纫线的颜色与第 15 页成品不同。

材料

表布（a、c、底布、口布、提手带 A） 70cm×35cm

表布（b、提手带 B、折边） 60cm×35cm

成品尺寸

25cm×23cm（高 × 宽，不含提手带）

剪裁图（单位：cm）

表布（素色布）

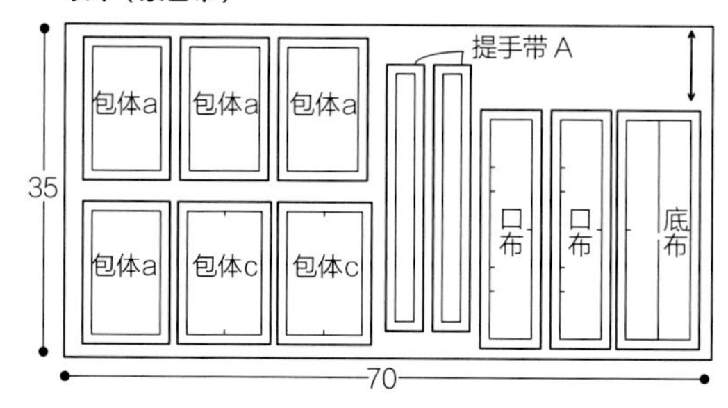

表布（花布）

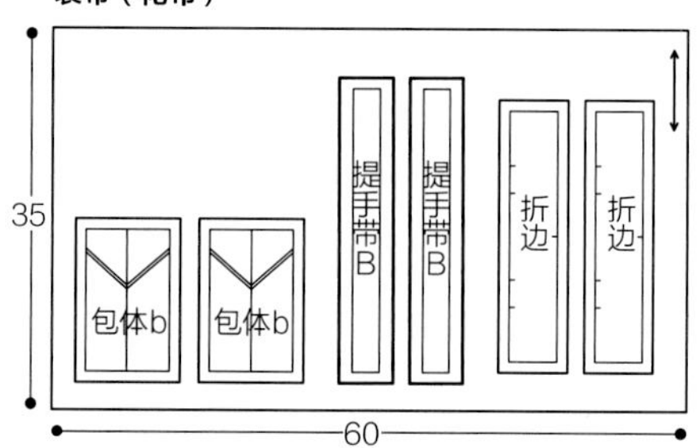

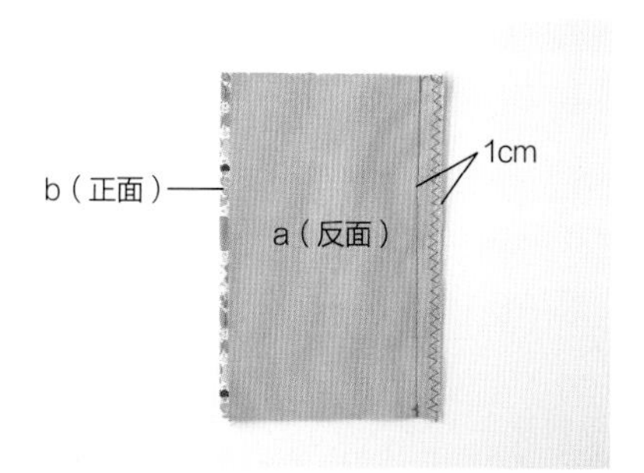

1 将 a 和 b 正面相对，缝合一侧并锁边。

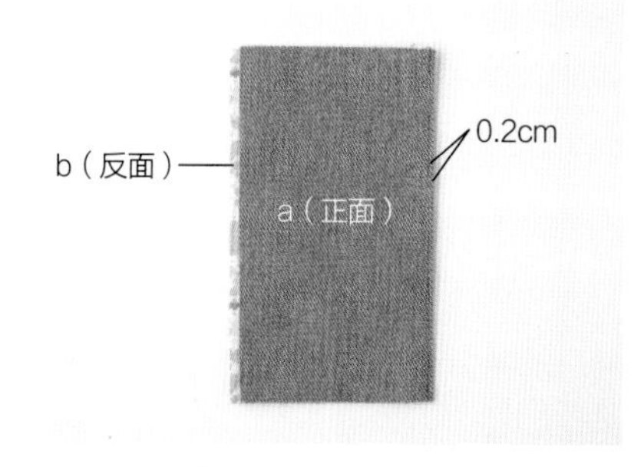

2 将其翻至正面，a 和 b 反面相对，用熨斗熨烫平整，明线缝合。

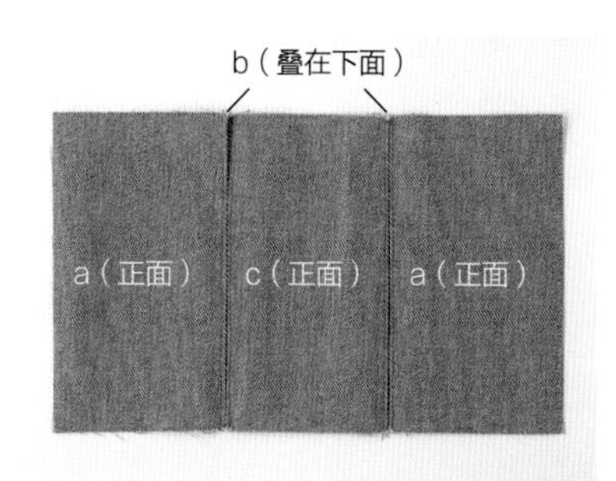

3 使用相同方法，按照 a→b→c→b→a 的顺序将布块连接起来。将 b 叠在下面（参考第 4 步图片），用熨斗熨烫平整。

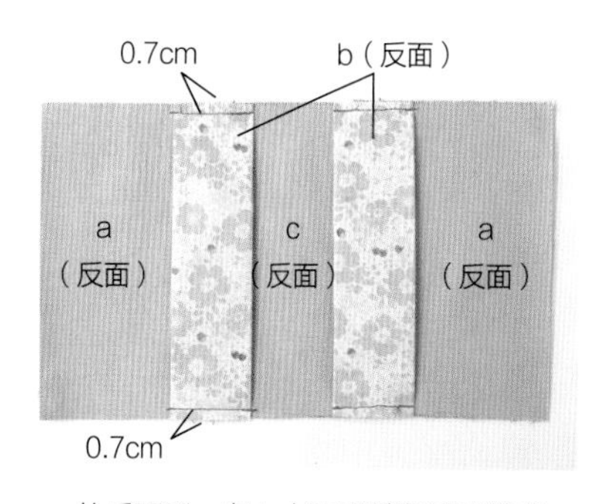

4 从反面看，在 b 上下两端都留出缝份，简单缝合。

5 另一侧也采用相同方法拼接布料，然后将两侧布片分别与底布正面相对缝合边缘，锁边。使缝份倒向底侧，在布料正面明线缝合。

6 将布片正面相对，缝合，两侧锁边。

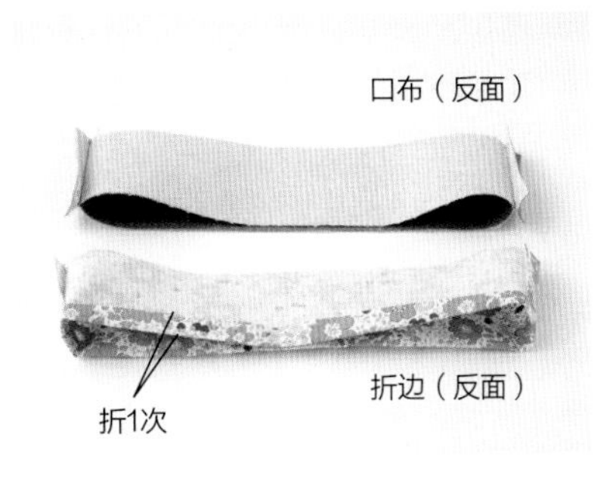

7 将口布和折边布料分别正面相对，缝合两端，形成两个环形。劈开缝份，用熨斗熨烫平整。另外，将折边的一侧向内折一段缝份，用熨斗熨烫平整。

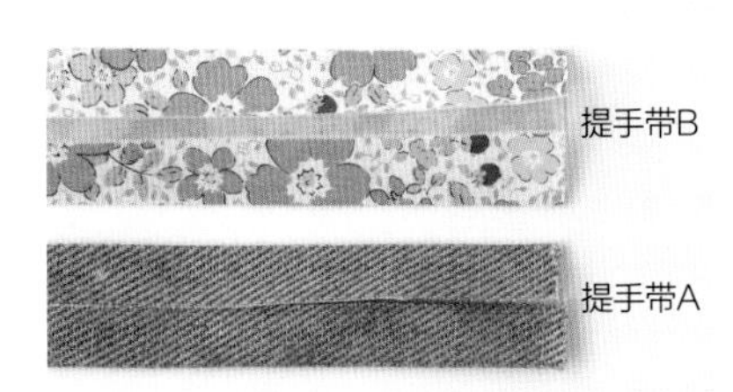

8 制作提手带。将A和B分别折成提手带形状，用熨斗熨烫平整。

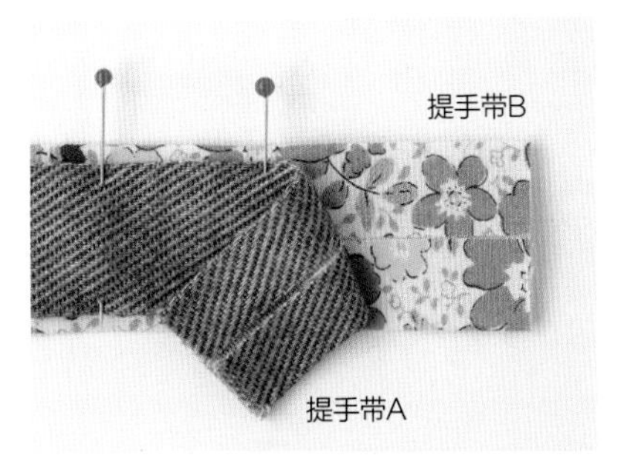

9 将A和B中心相对，并用珠针固定。

10 两边明线缝合。另一条提手带也采用相同方法制作。

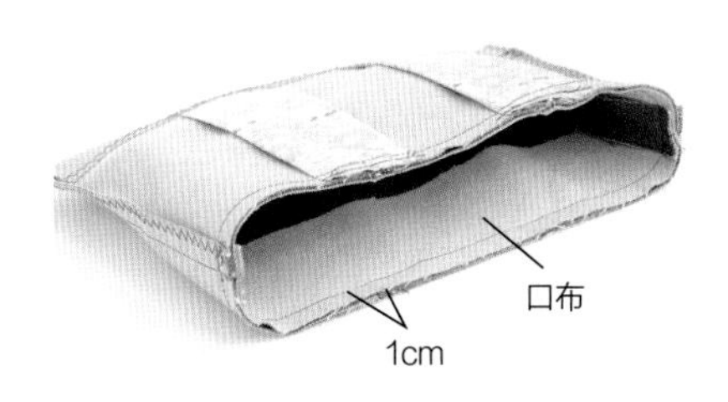

11 将包体与口布正面相对缝合。

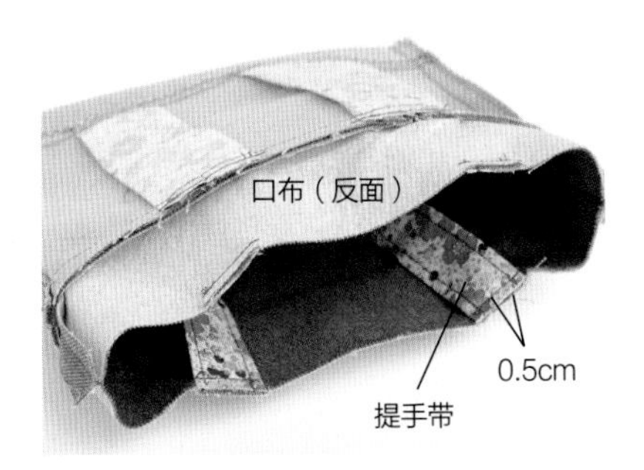

12 将缝份倒向口布一侧，简易固定提手带末端。

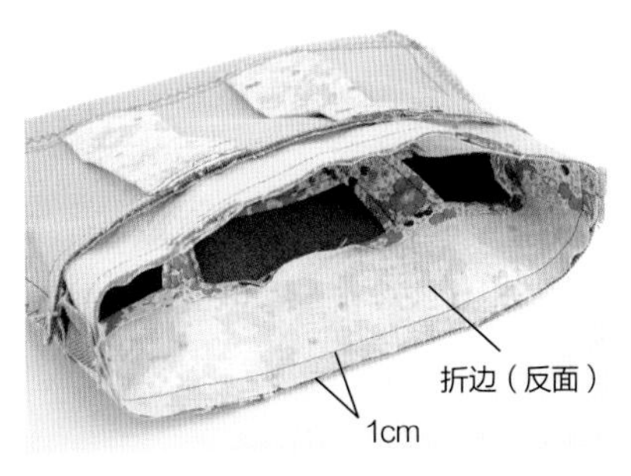

13 将口布与折边正面相对放置，缝合包口。

14 将折边翻出，用熨斗将包口熨烫平整。

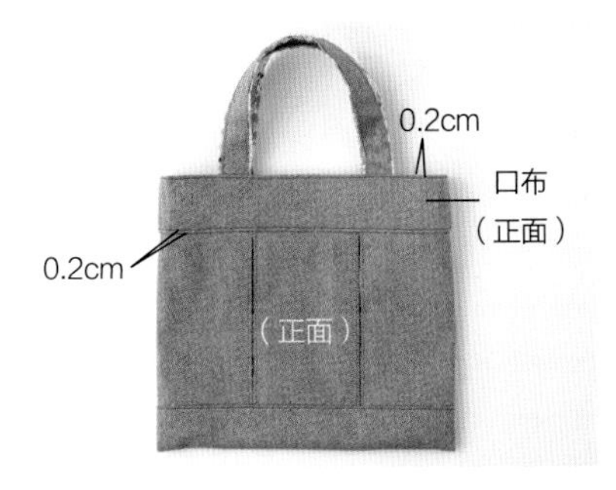

15 在口布上下两边明线缝合，然后将包翻至正面。

墙子㊀

为了使包包更有立体感，放入物品后也能不变形，需要在包包底部加入“墙子”。墙子可以决定包包的形状。因此，多学习几种墙子的制作方法，也有助于我们做出更多款式的包包。

一起来了解墙子的种类和制作方法。

抓角墙子

将包体布料对折，抓起两角缝合即可，这是最常见的制造布包厚度的方法。
这种抓角墙子也被称为三角墙子，根据宽度，有时也会剪掉多余部分只留缝份进行缝纫。

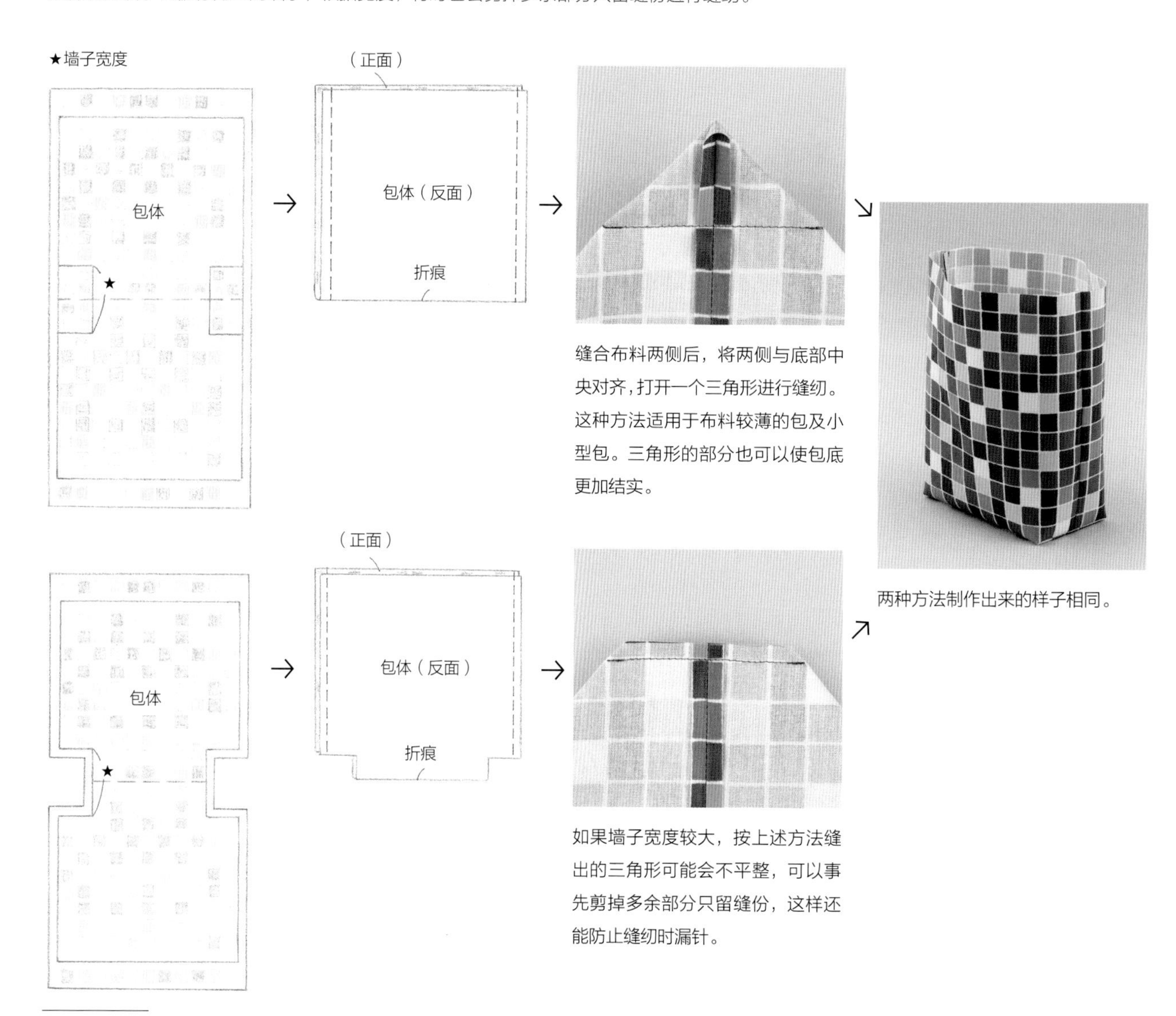

缝合布料两侧后，将两侧与底部中央对齐，打开一个三角形进行缝纫。这种方法适用于布料较薄的包及小型包。三角形的部分也可以使包底更加结实。

如果墙子宽度较大，按上述方法缝出的三角形可能会不平整，可以事先剪掉多余部分只留缝份，这样还能防止缝纫时漏针。

两种方法制作出来的样子相同。

㊀ 软包起围子作用，连接前面和后面的部件。

折叠墙子

将包体布料对折，再折出墙子的部分，将两侧缝合即可，制作起来非常简单。
折叠方法不同，视觉效果也会有所不同。

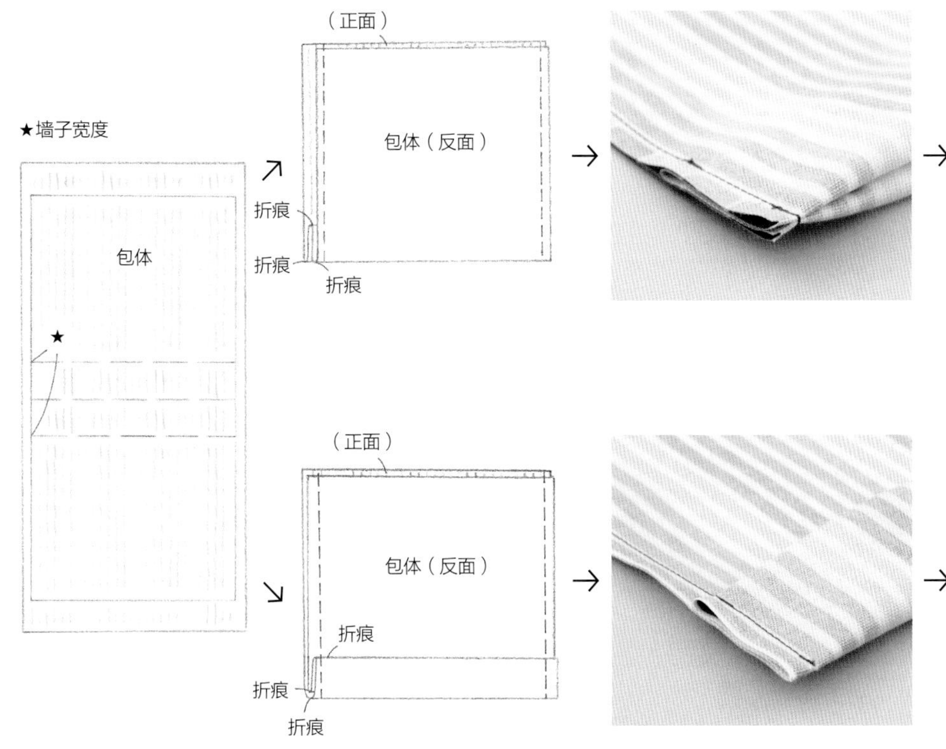

这种方法制成的墙子两侧会有一个三角形，这也是这款包包的设计亮点之一。

将墙子的部分内折，给人以简约的感觉。此外，这种设计按照折痕可将墙子收起，将包体压平（见下图），可用于随身携带的环保袋。

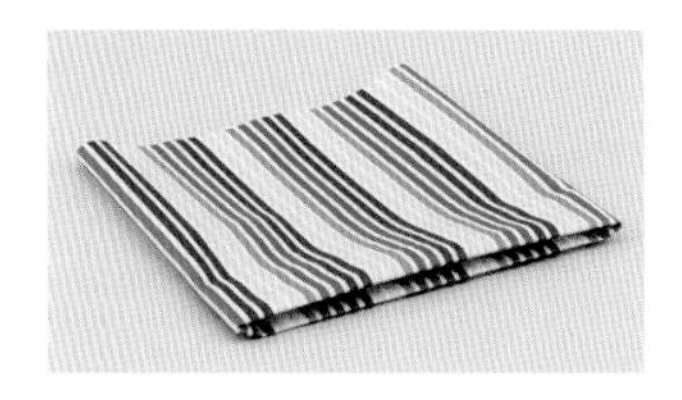

用绗缝布料制作包包时，墙子部分容易出现褶皱，怎么办？

绗缝布料是在两块布料中间夹一层棉芯缝制而成的，用于制作包包时容易出现缝纫偏差和褶皱。可将布料进行剪裁，然后沿着边缘缝合，防止布料绽线。然后，在靠近边缘线的地方再缝一圈线，以固定上下布料。

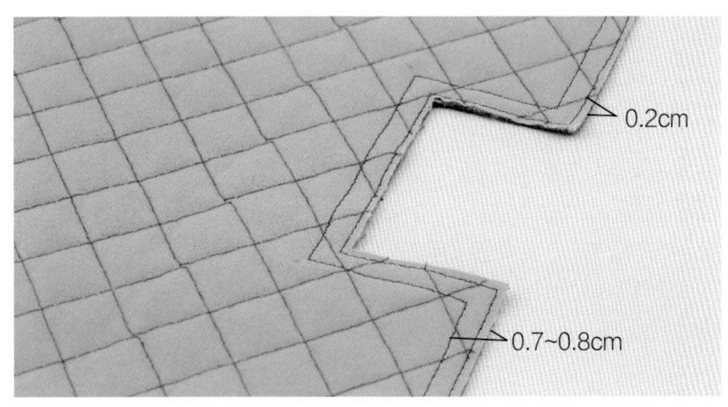

在距离边缘 0.2cm 的地方缝合，防止布料绽线；然后在距离边缘 0.7~0.8cm 的地方再缝一圈线，用以固定布料（此处假设缝份为 1cm）。

侧面墙子

侧面墙子与包体并不相连，而是由单独剪裁的布料缝合而成的。
厚度相同的情况下，选择不同形状的侧面墙子可打造出不同效果的包包。

★墙子宽度

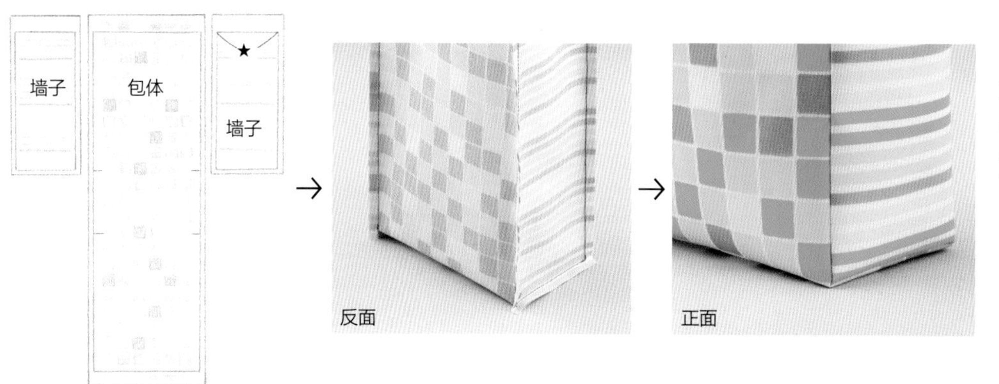

四边形的侧面墙子给人以严丝合缝、端正的感觉。使用有张力的布料效果会更好。

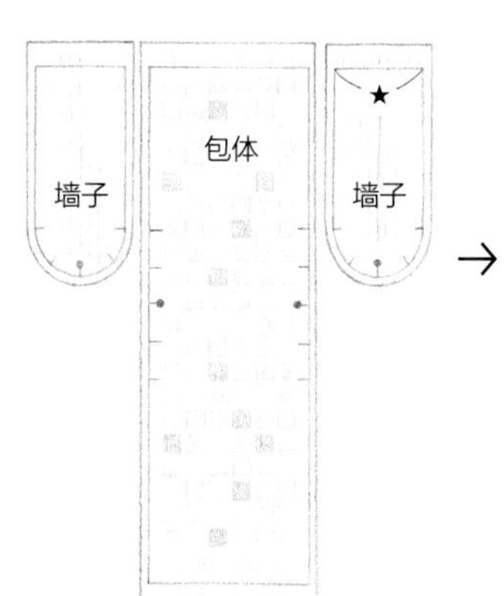

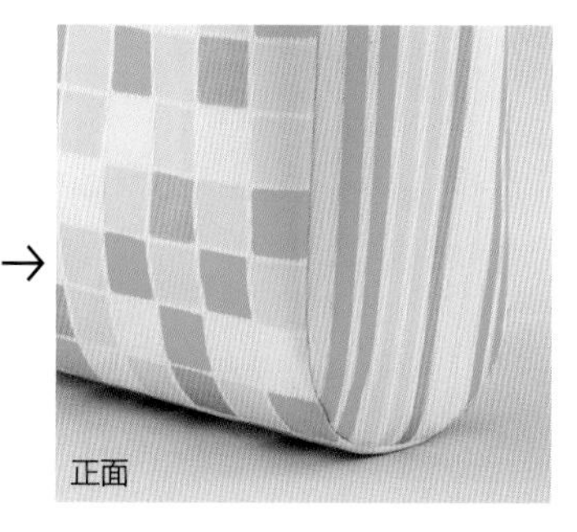

底部为弧形的侧面墙子给人以柔和、可爱的感觉。因为没有角，所以适用于具有女人味的包包。

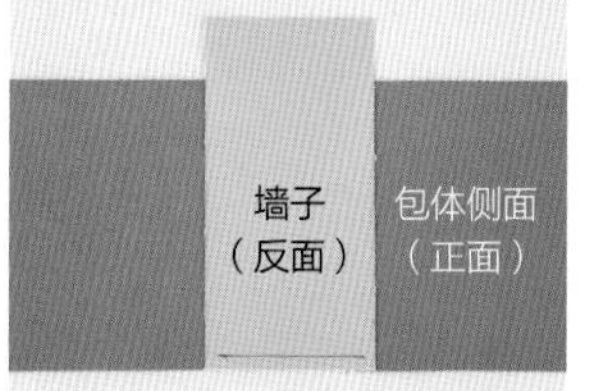

1 将墙子与包体布料正面相对放置，缝合墙子（这里为黄色布料）底部，缝时要随时留意墙子的位置。

2 将第1步完成的布料翻过来，在包体（蓝色布料）缝份的位置（墙子端点对应处）剪个小口，即剪口。小心不要剪到缝纫线，一般剪口深度为一两根布料织线宽度即可。

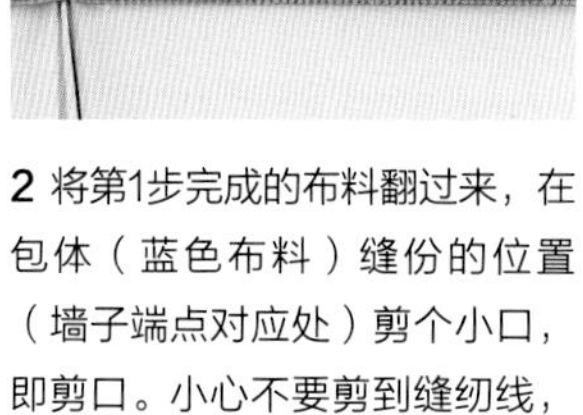

3 将包体侧面与墙子正面相对合拢，并用珠针固定。

Q 缝合后，为什么包底总是无法出现完美的直角？

A 如果角的位置有所偏离，成品就会歪歪扭扭。缝制这种包包时，不能一口气缝完。首先要先缝合底部的一条边，然后将角的位置摆正，再缝合剩余部分。越是薄布越容易偏离和变形，需要特别注意。

4 缝合在第2步中打剪口的包体部分（蓝色布料），并随时留意布料的位置。角的位置一定要对齐，以避免布料重叠堆积。

5 另一侧也按相同方法处理。

6 翻至正面。只要包体（蓝色布料）与墙子角对齐，做出来的成品就会非常平整和美观。

连底墙子

连着底部和两侧的墙子即“连底墙子”。
这种方法便于稳固包体形状，制作出来的包包不易变形。

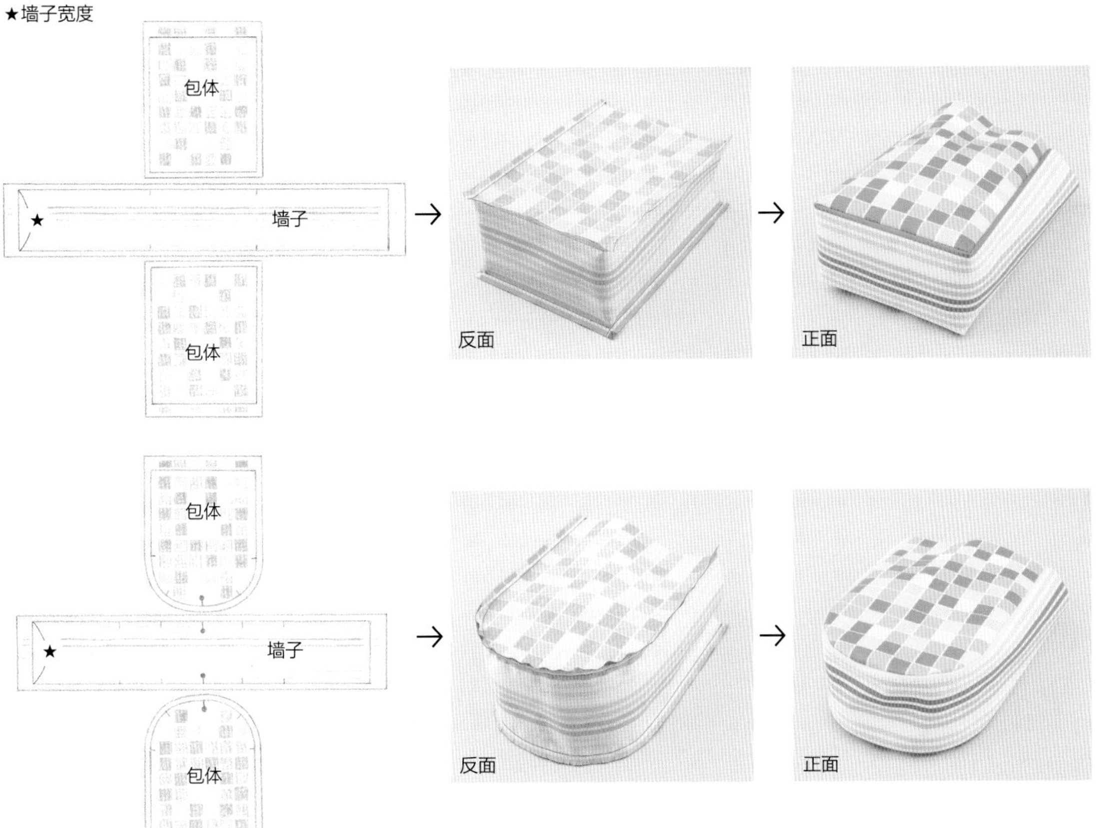

与侧面墙子相比，这种连底墙子与包体的关系似乎有点“本末倒置”，制作出来的包包边缘比较突出。

包体的形状决定了包包的款式。圆形包底的大小不同，制作出来的包包在风格和款式上也会有所变化。

Q 怎么处理缝份？

缝里袋时无须处理缝份。如果是用单层布料制成的包包，那么锁边处理最为便捷。此外，使用包边条包边可以增强包包的牢固性，提升其精致感。

用包边条包边

包边后，包包立刻看起来更加精致。使用与包包不同花色的布条可以使其更有设计感。

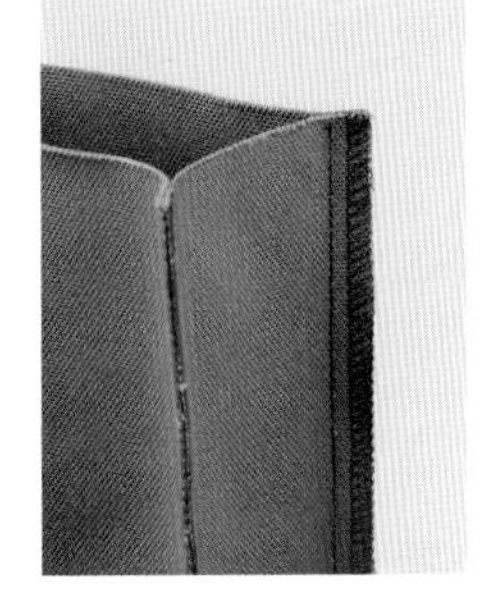

锁边

一般用锁边缝纫机或有曲折缝功能的缝纫机进行锁边，不适合容易绽线的布料。同时缝纫两块缝份会使其更加牢固。

缝制包口共有两种方法。

如何缝合墙子

1 先缝合墙子，再收包口

→

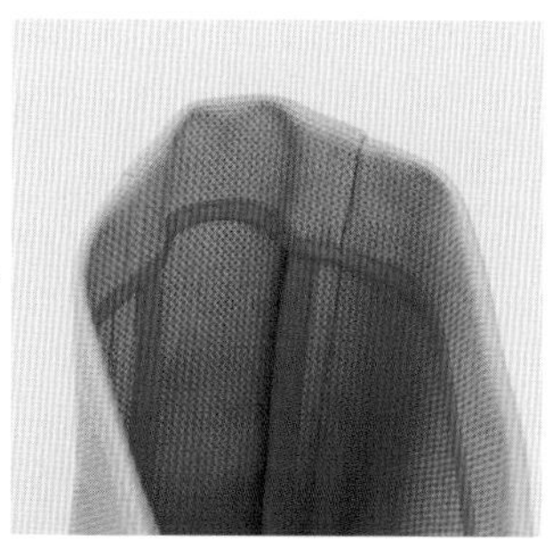

将墙子与包体的缝份藏在包口折边内，这样给人以整齐简洁的感觉。将缝份倒向一边时，缝份会比较厚，所以可以将折边覆盖住的那部分缝份剪断并劈开（见左图）。

2 先收包口，再缝合墙子

先将墙子与包口边缘折边向内折并缝合，再将二者缝合，之后处理侧面缝份。这种方法做出来的包包，墙子的形状一直延伸至包口。可根据实际需要选择合适的方法。

Q 如何完美地缝弧线?

A 首先，要对齐边缘，用珠针固定布料。如果墙子不能准确对齐弧形边缘，可以在缝份位置开剪口。一般来说，弧形越小，越难缝纫。这种情况下可以缩减缝份宽度（0.7cm），便于对齐弧形边缘。

1 将墙子与包体正面相对，沿着边缘对齐，用珠针固定。

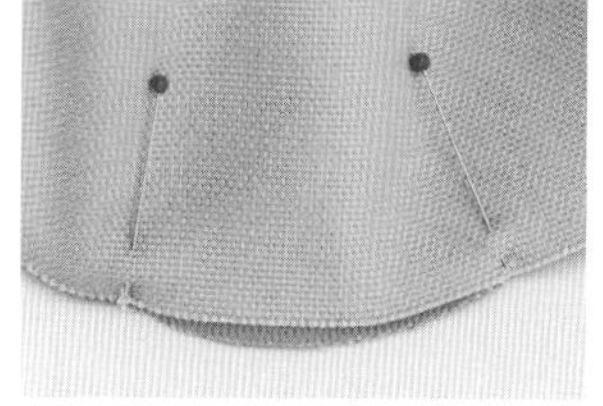

2 如图所示，布料偏离，无法完全对齐的时候，可以打剪口。

3 剪口的长度大概是缝份的一半，间隔一般为 0.5cm。

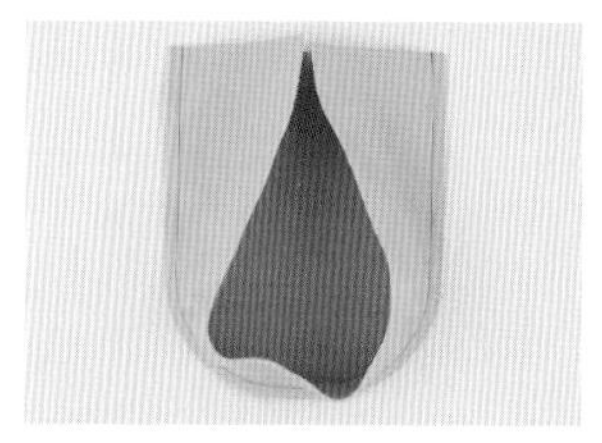

4 将墙子与包体缝合。

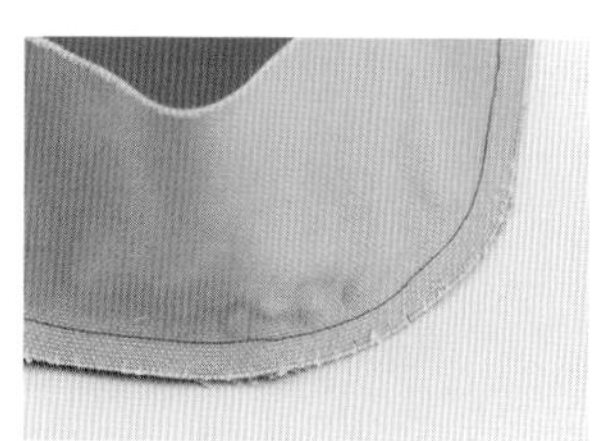

5 使墙子完美地和包体弧形边缘对齐。

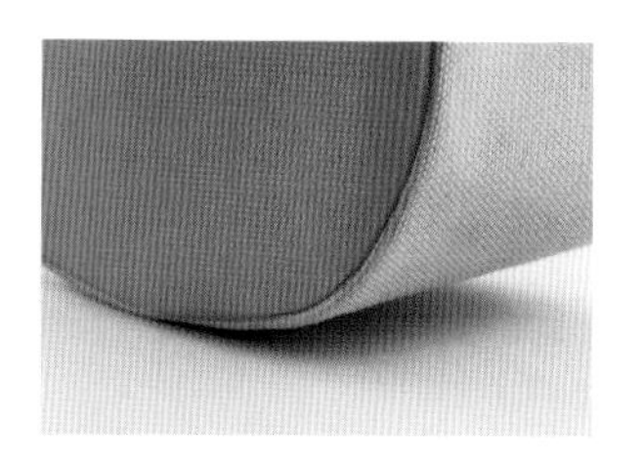

6 翻到正面。即使在缝份上打了剪口，有时也会出现绽线的情况，为使之更加牢固，可将两个缝份用包边条进行包边处理。

有侧面墙子的单肩包 →原大纸样 A 面

有侧面墙子的单肩包除了使用四边形墙子外也可以选择其他形状的，还可制作简单的插兜。
图片中的包使用的是给人以潮流感的防水布。

这是一款单肩包，侧面墙子是其设计亮点之一。

墙子是下面较宽的呈水滴状的部分。包口处折叠出褶皱，使包包更加有立体感，插兜也非常方便实用。

制作方法 *为了便于读者理解，这里使用的布料、缝纫线的颜色与第 23 页成品不同。

材料

表布（包体、提手带 B） 35cm×35cm
表布（墙子、口袋、提手带 A） 40cm×40cm
包边条（宽 12.7mm，2 条） 55cm
无纺布（或黏合衬） 25cm×10cm

成品尺寸

25cm×23cm（高 × 宽，不含提手带）

+制作要点

防水布不耐热，不能使用熨斗熨烫，因此包口处不使用需熨烫的黏合衬，而是使用无纺布进行加固，或使用可在低温下进行粘贴的黏合衬。如果使用的不是防水布，则可用熨斗对黏合衬进行熨烫。

剪裁图（单位：cm）

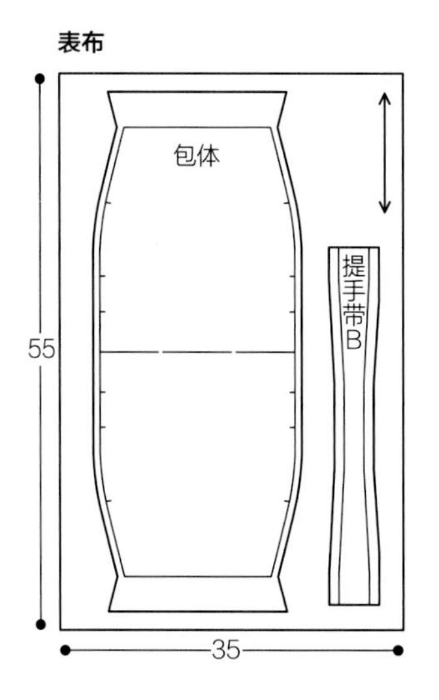

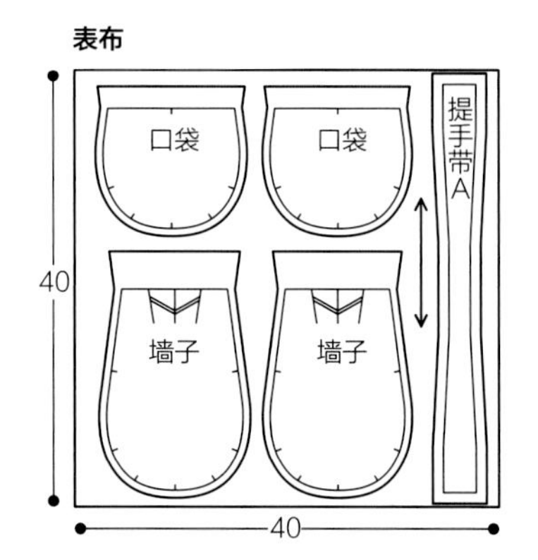

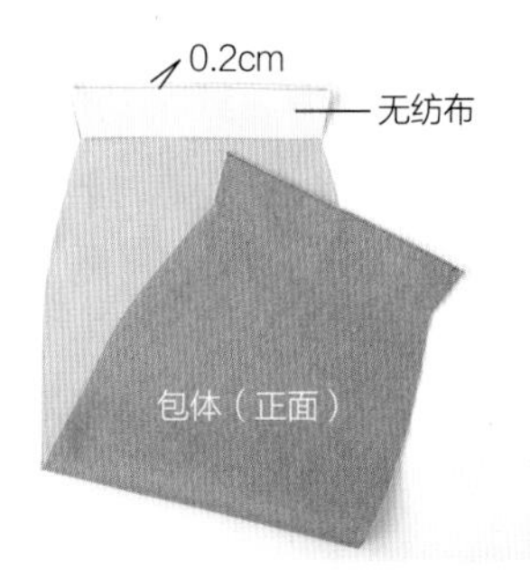

1 在包口的折边上缝上无纺布，无纺布柔软且有厚度，可起到加固作用。如果包体选用的是可熨烫的材料，这里也可以使用熨烫型黏合衬。

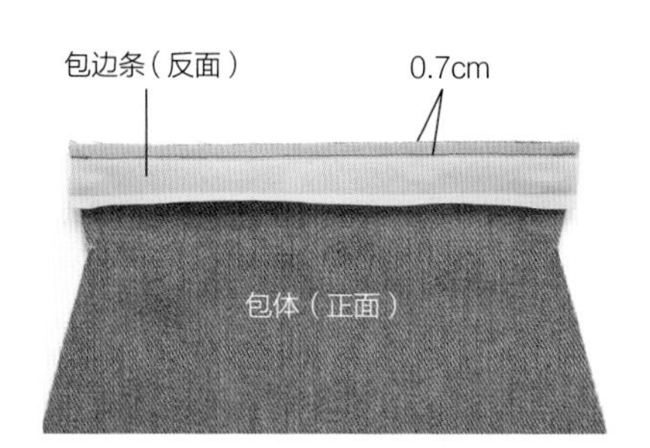

2 将折边与包边条正面相对缝合。

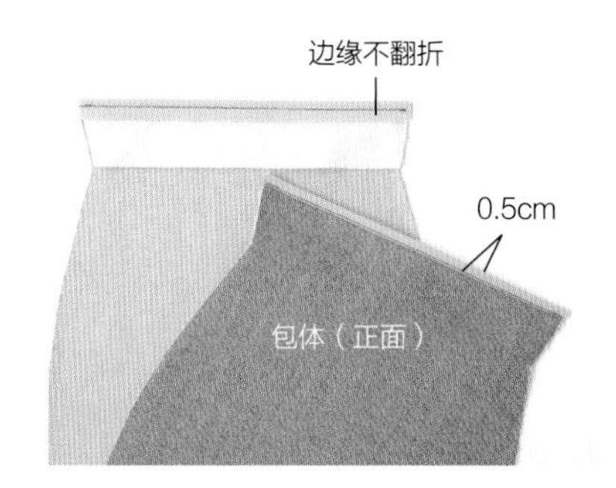

3 将包边条翻到反面一侧，在包体正面明线缝合。

4 沿着成品包口线将包口折边折向反面，明线缝合。

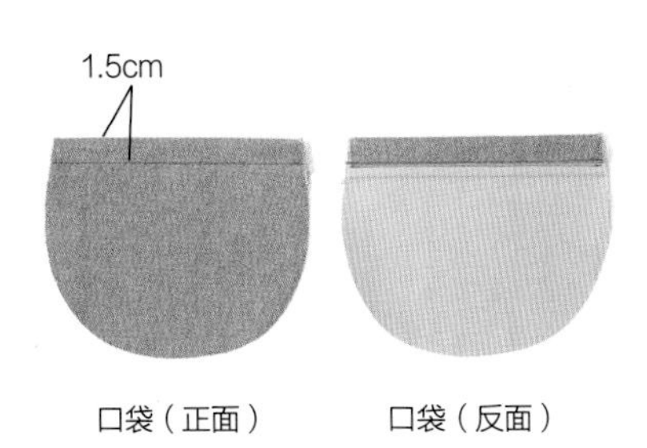

5 使用同样方法处理口袋边缘。

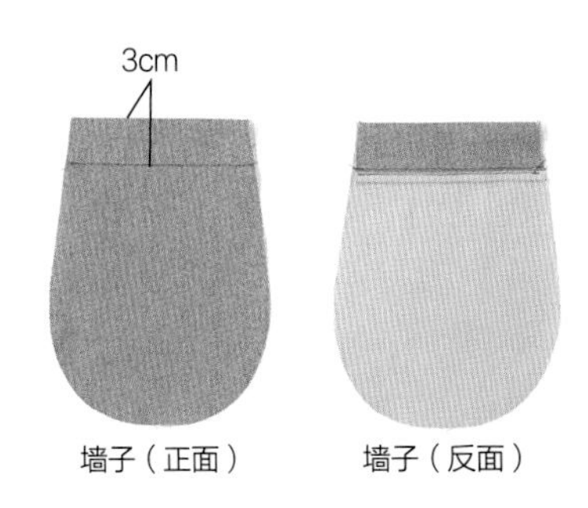

6 使用同样方法处理墙子的包口边缘。

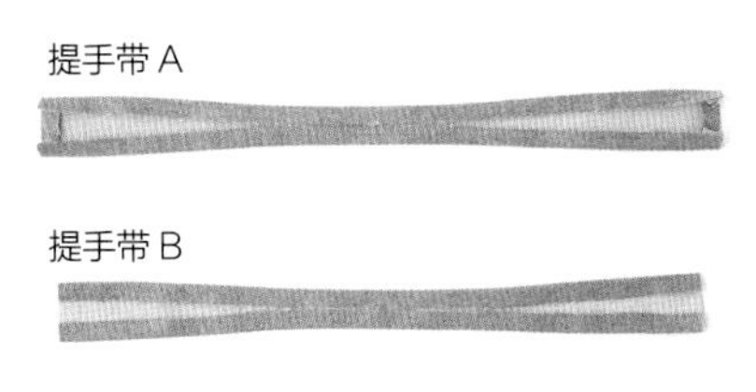

7 沿着成品线折叠提手带A和B，然后用熨斗熨烫平整。

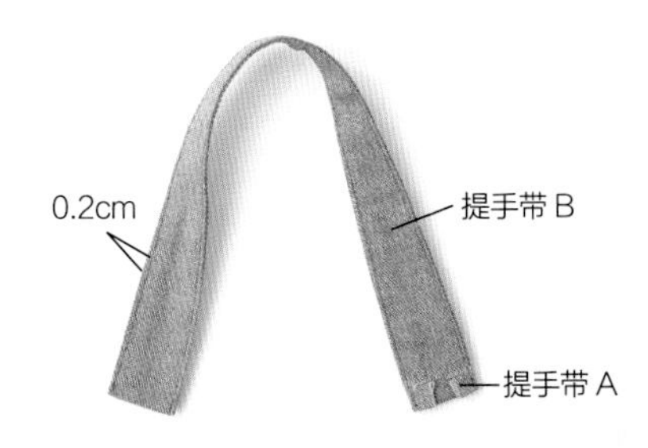

8 将提手带A和B反面相对，缝合两侧。

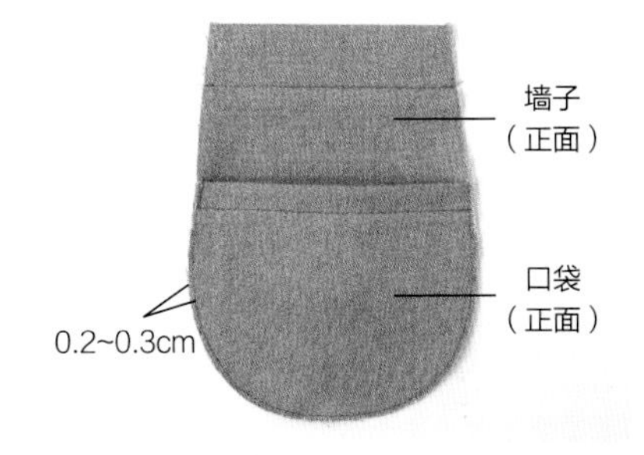

9 将口袋与墙子的下边缘对齐，周围用缝纫机疏缝固定。

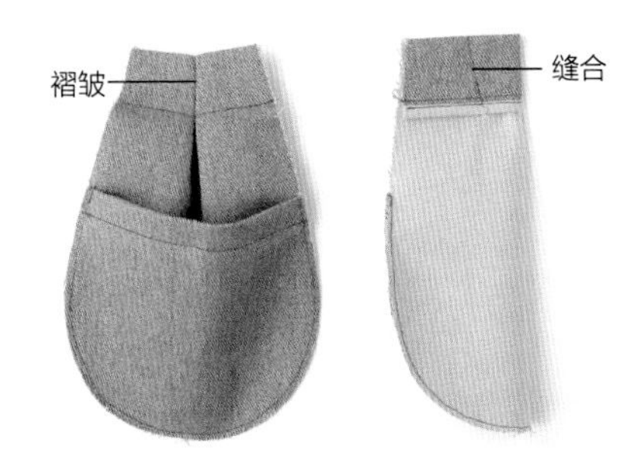

10 将墙子从中间向内折出褶皱，然后缝合。另一侧做相同处理。

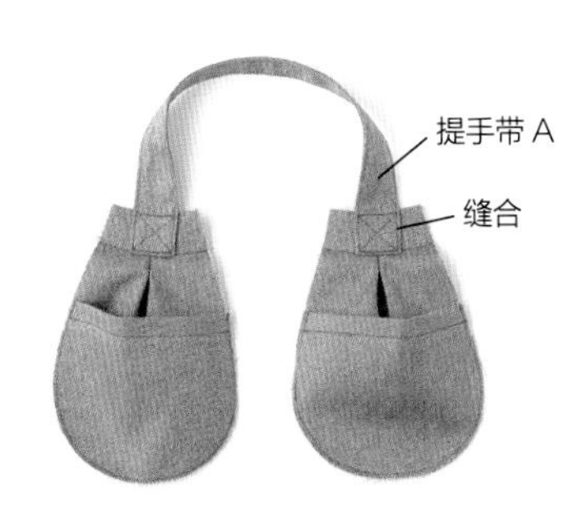

11 将提手带缝在墙子上。提手带的缝合方法请参考第 14 页。

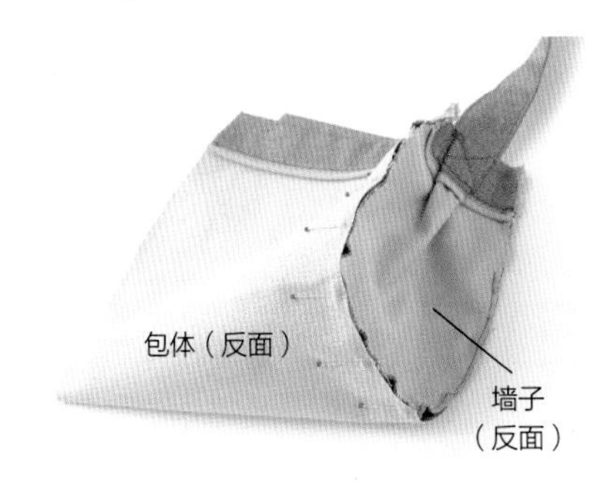

12 将包体与墙子缝合。弧形的部分容易偏离，可以先用珠针固定后再进行缝合。如果用珠针不好固定，可以使用大头针。

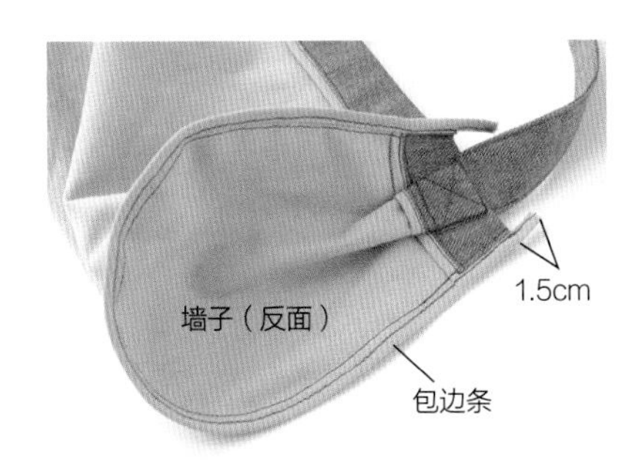

13 用包边条为包体与墙子的缝份包边（请参考第 43 页）。包边条的两端各多缝出 1.5cm 的长度。

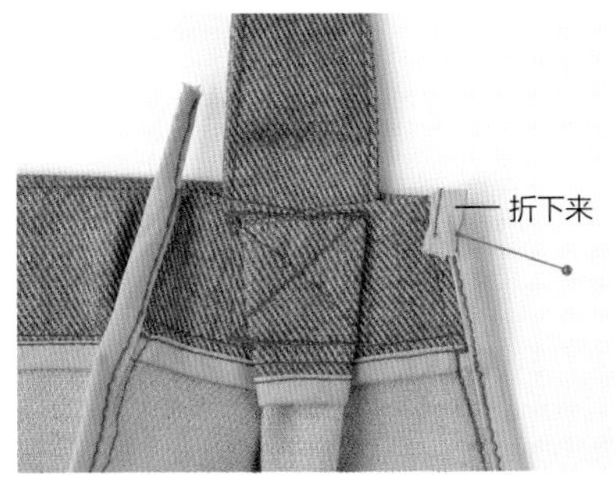

14 将多余的包边条折下来。

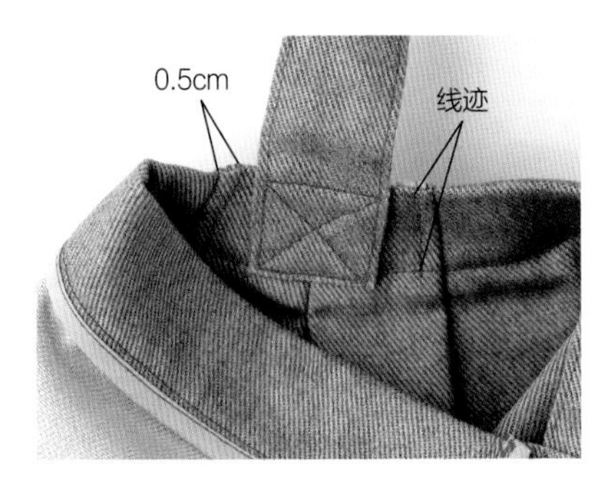

15 使缝份倒向墙子一侧，在正面明线缝合。

包口

包口可以不做修饰，不过加上拉链更加令人安心。
除拉链外，本节还将介绍另外几种包口常用配件。

一起学习两种安装拉链的方法吧!

1 将拉链带隐藏起来（只露出链牙）的方法

安装拉链时，一般会将包口叠在拉链带上缝合。使用这种方法时，要注意事先做出准确标记，并将缝纫机的压脚替换为拉链压脚。

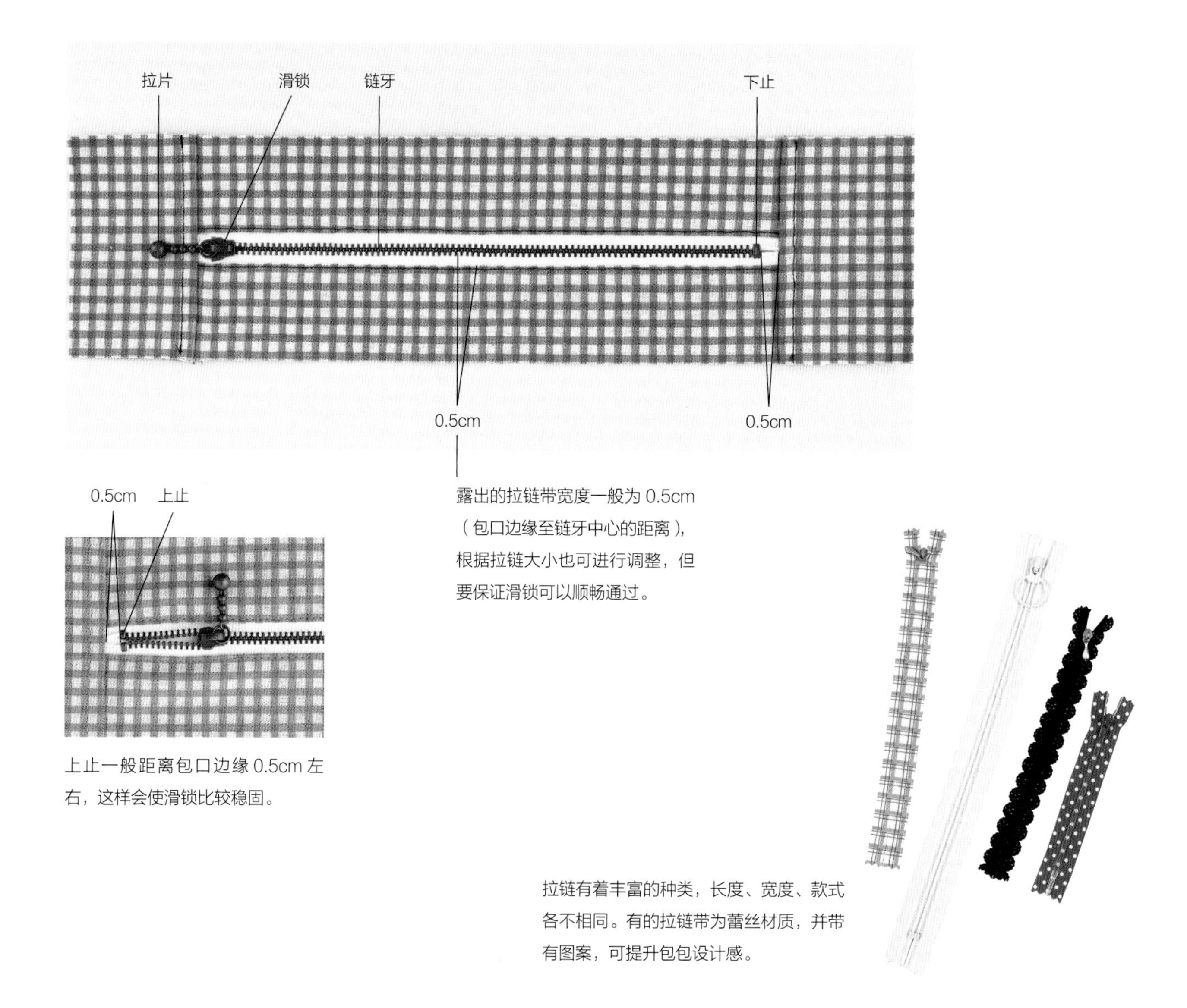

露出的拉链带宽度一般为 0.5cm（包口边缘至链牙中心的距离），根据拉链大小也可进行调整，但要保证滑锁可以顺畅通过。

上止一般距离包口边缘 0.5cm 左右，这样会使滑锁比较稳固。

拉链有着丰富的种类，长度、宽度、款式各不相同。有的拉链带为蕾丝材质，并带有图案，可提升包包设计感。

1 在需要安装拉链的两块布料内侧贴上防止布料拉伸的衬布，然后进行锁边。

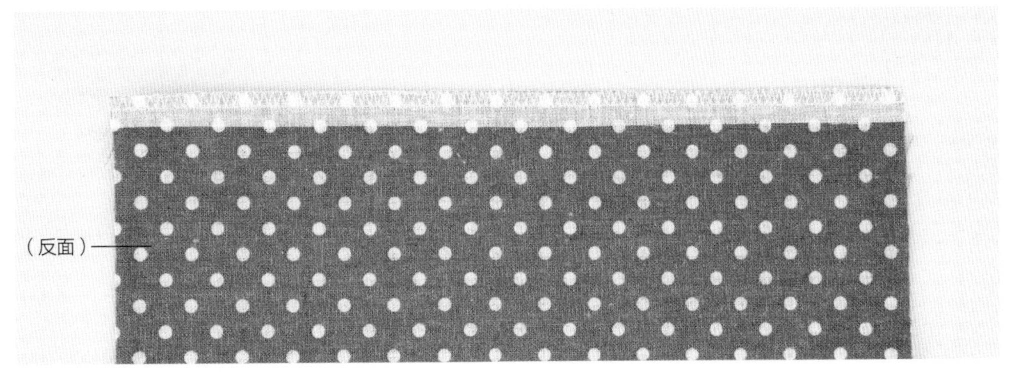

2 在布料与拉链上做好对应标记，防止缝合时有所偏离。

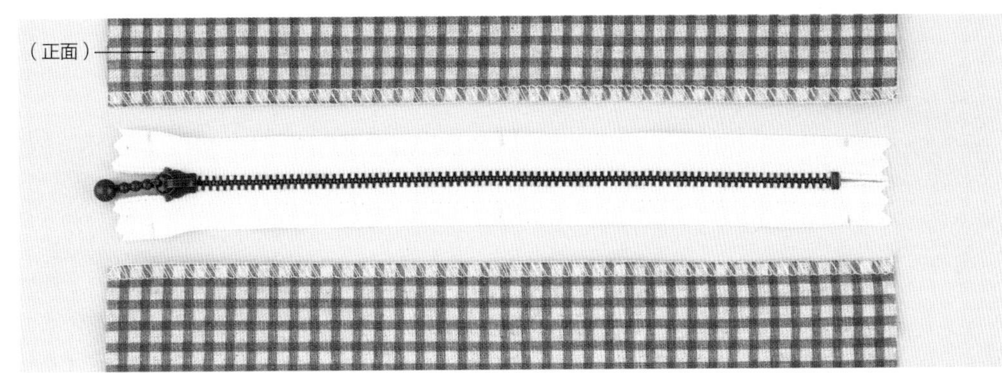

3 将缝份向内折，对应标记将布料置于拉链带之上。布料边缘置于距离链牙中心0.5cm的位置。

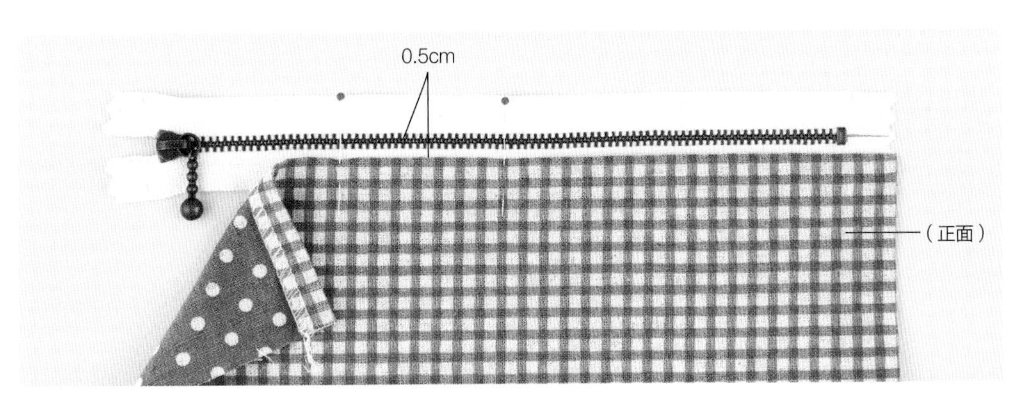

4 使用缝纫机沿边缘缝合。将缝纫机的压脚换成拉链压脚，避开链牙进行缝合。另一侧也采用同样方法处理。

安装拉链时离不开拉链压脚，它通常是缝纫机的附属配件。

2 露出拉链带的安装方法

有的拉链带上印有图案，或是蕾丝质地的。这种安装方法能够很好地凸显这些拉链的设计亮点。将拉链带置于包口之上进行缝合。使用这种方法与第一种方法相同，要注意事先做出准确标记，并将缝纫机的压脚替换为拉链压脚。

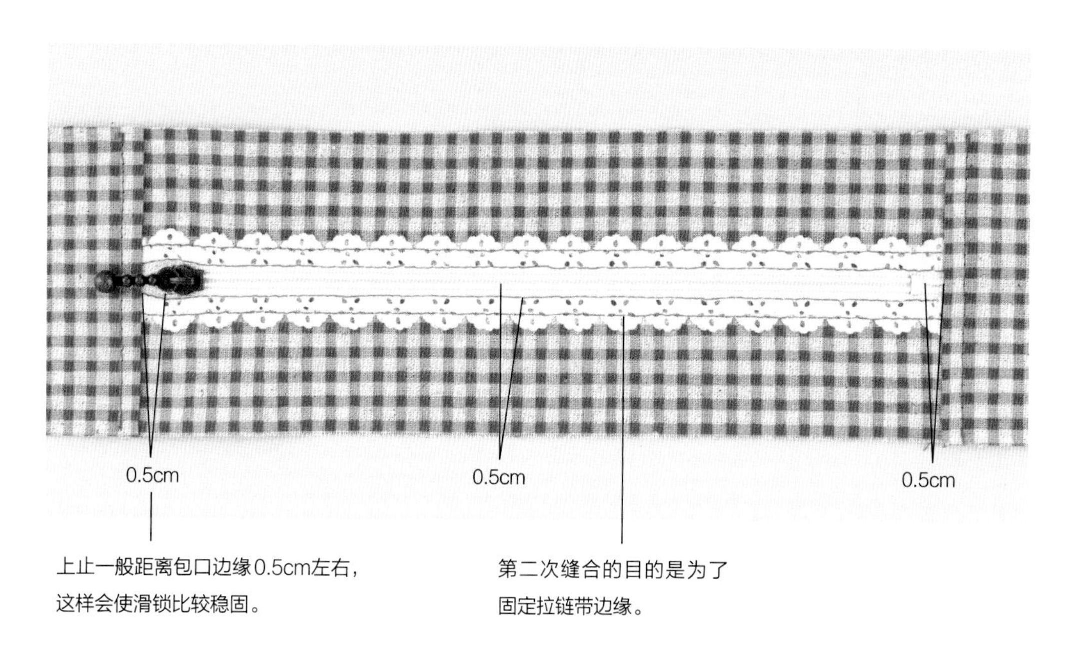

上止一般距离包口边缘0.5cm左右，这样会使滑锁比较稳固。

第二次缝合的目的是为了固定拉链带边缘。

1 与“隐藏拉链带”的安装方法相同，安装前首先应在包口内侧贴上防止布料拉伸的衬布，然后锁边，做出标记。之后缝第一条线（假设缝份宽度为 1cm）。

2 将缝份向内折，缝第二条线。另一侧也采用相同方法处理。

夹在表布和里布间的拉链

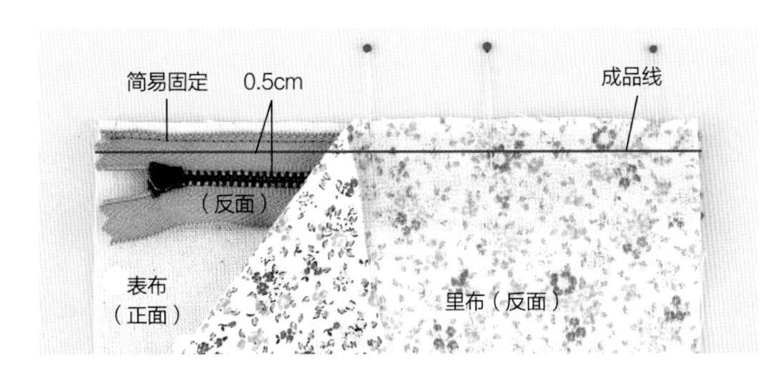

1 将表布与拉链正面相对，用缝纫机进行简易固定。之后将其与里布正面相对，用珠针固定。

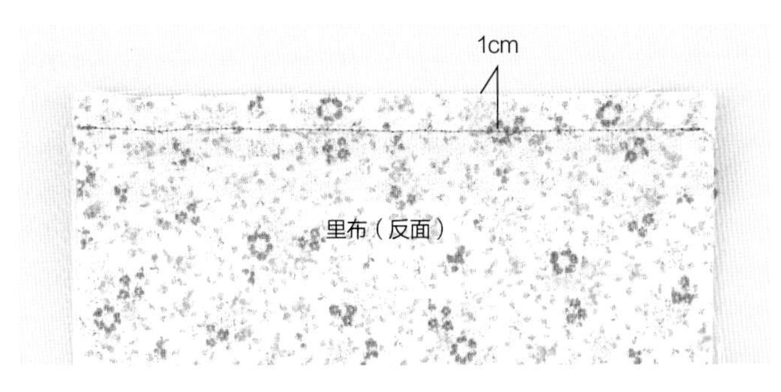

2 将这几层布料一起缝合（假设缝份为 1cm）。

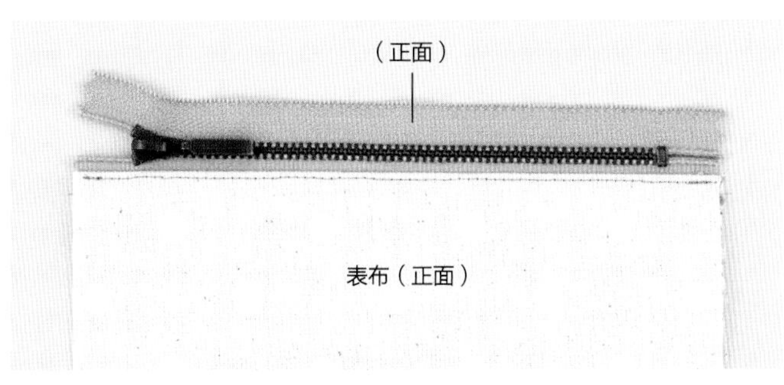

3 将其翻至正面，包口边缘用缝纫机明线缝合。另一侧也采用相同方法处理。

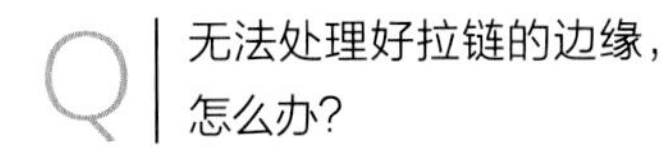

Q 无法处理好拉链的边缘，怎么办?

A 为没有墙子、不够立体的包包或小包安装拉链时，两端余出的拉链带有时不太好处理。可以尝试将余出的拉链带折起，使其不压住包口两侧的缝份，这样成品会比较清爽简约。

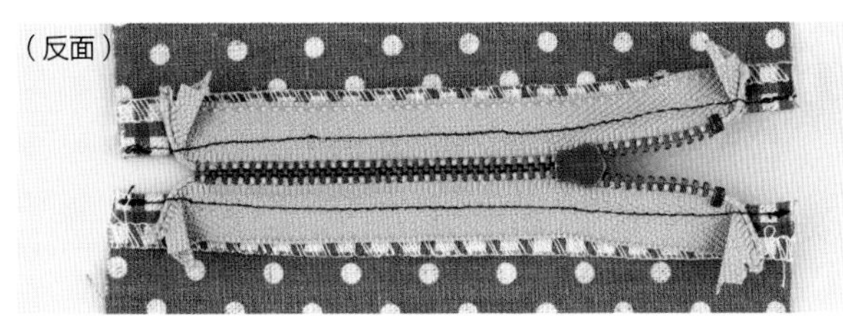

1 将拉链两端余出的拉链带折起，并用大头钉固定，从正面缝合。

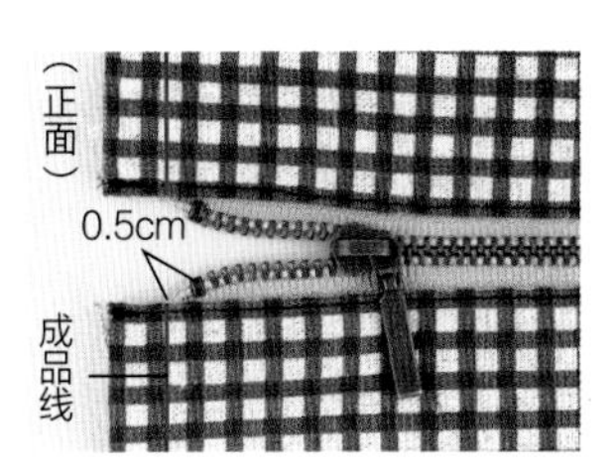

拉链的上止和下止均距离成品线 0.5cm。

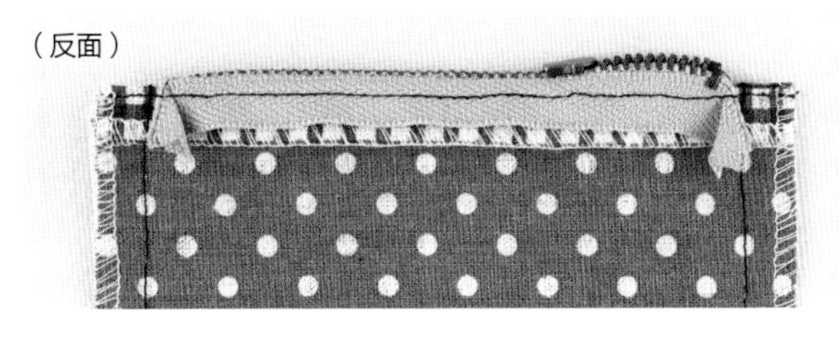

2 将两片布料正面相对，缝合两侧。

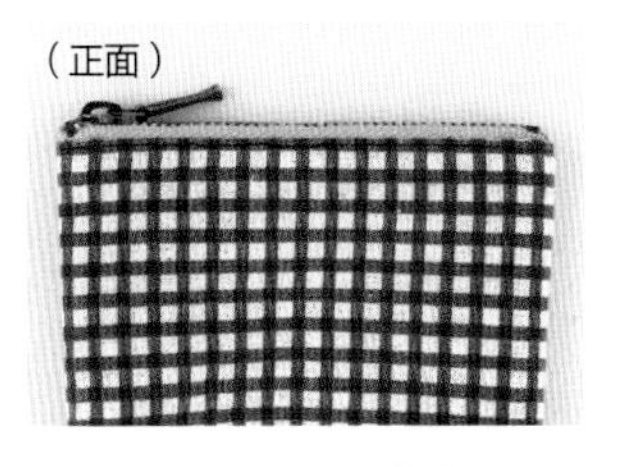

3 将包包翻至正面，完成。

磁扣

磁扣虽然安装简便，但设计上绝不含糊，一般分为缝缀固定和嵌入固定两种类型。

安装在包体上

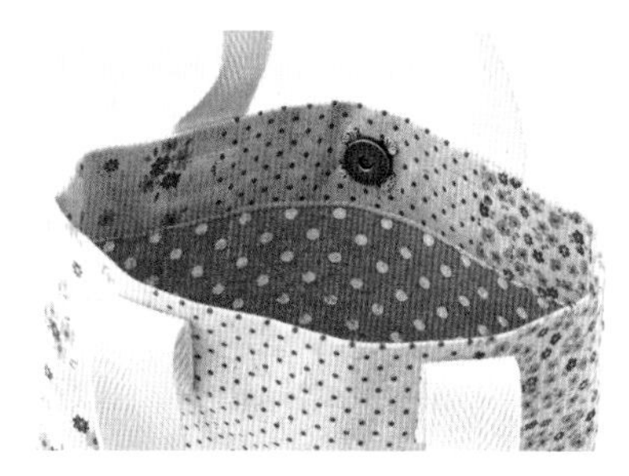

直接安装在折边部分或里布上。

先安装在其他布块上，再将布块安装在包体上

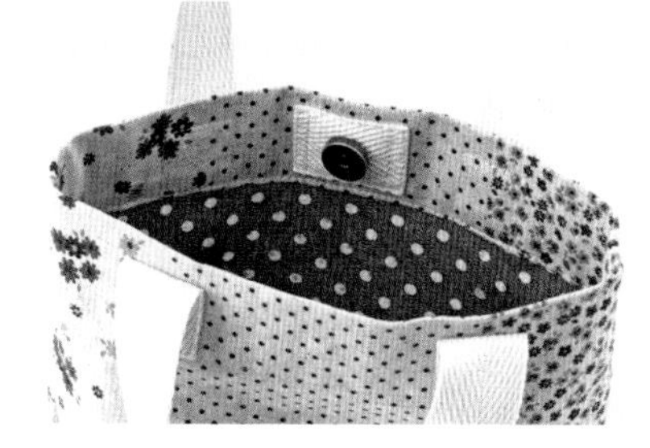

将磁扣安装在布块或布条上，然后将布块或布条缝在包体上。使用这种方法安装嵌入固定式磁扣时，即便磁扣安装位置有误，也可以拆开重新安装，非常方便。

安装在垂布上

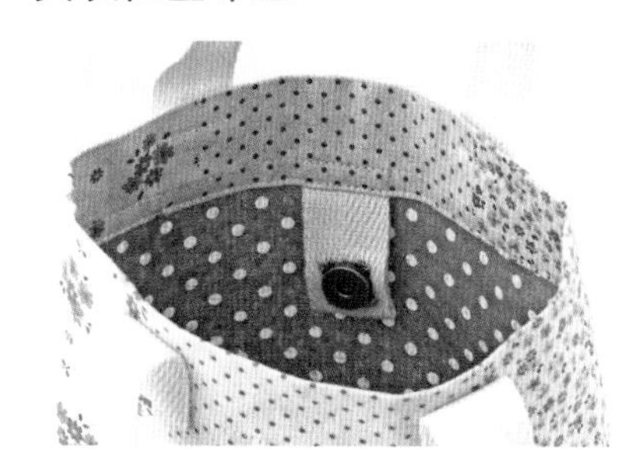

将磁扣安装在布块或布条制成的垂布上，适用于封口不需要很紧、留有宽松空间的包包。

嵌入固定式磁扣 无须缝缀固定，不会露出缝线，视觉上更加美观。

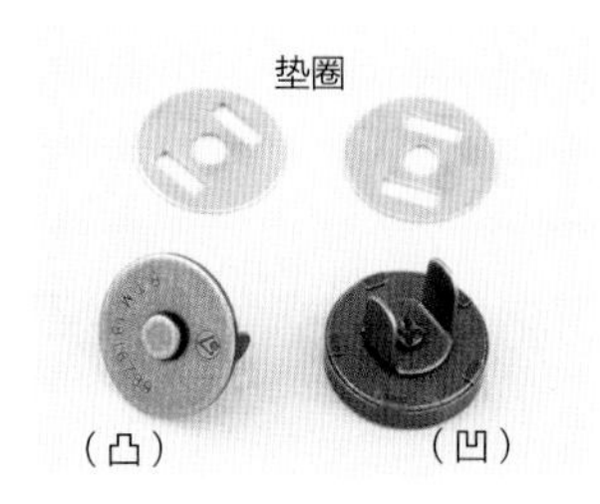

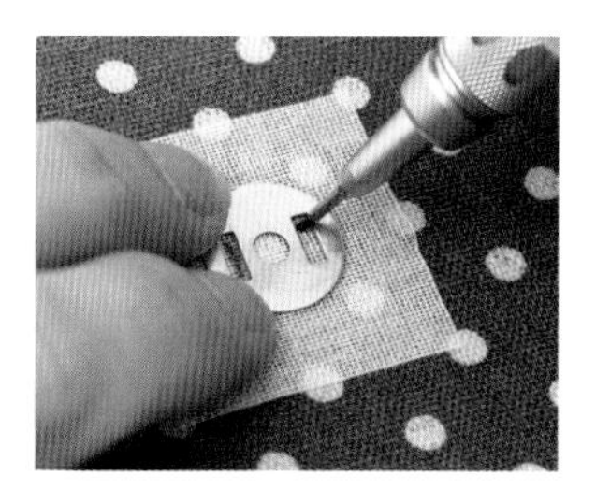

1 因为需要打剪口，所以最好在布料反面粘贴黏合衬，一方面起到加固作用，另一方面也可防止布料绽线。比对着垫圈，在空隙处做标记，根据标记打剪口。

2 从正面将磁扣（凹）的铁片穿过空隙，包住垫圈，将铁片向内或向外弯曲。

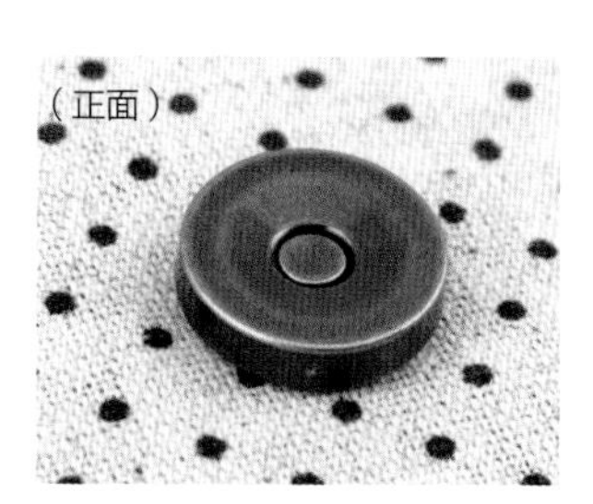

3 完成。凸的一侧也采用相同方法处理。

缝缀固定式磁扣 可以在包包制作完成后安装，也可巧用心思，使缝扣孔的线迹成为设计的一部分。

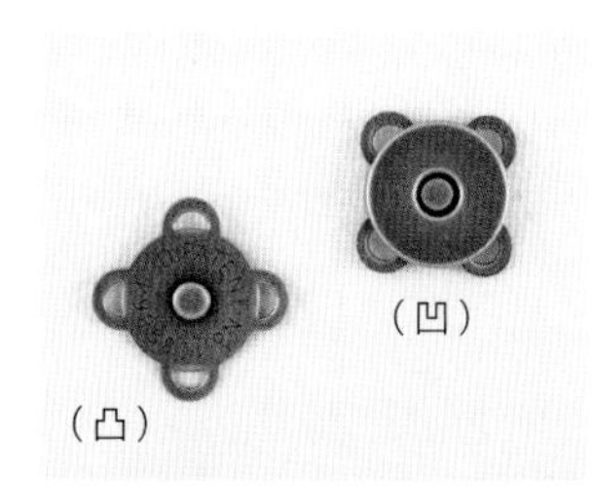

1 使用缝按扣的方法缝金属环。线绕金属环后形成一个圆圈，将针从圆圈内掏出。

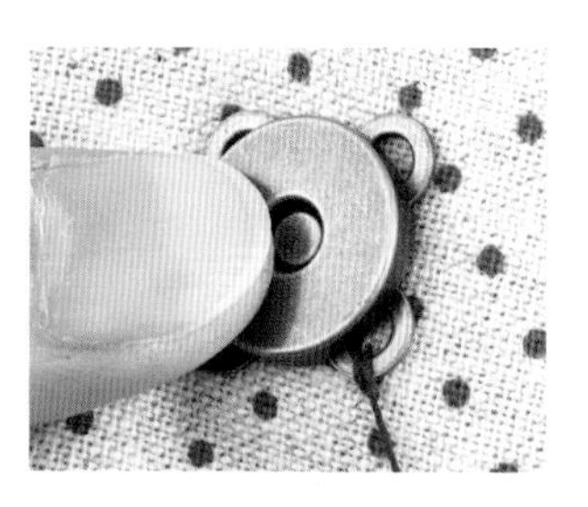

2 每缝一针后都要将线拉紧，不断重复这种缝法。

3 完成。凸的一侧也采用相同方法处理。

纽扣 + 扣绳

不剪扣眼，而是制作扣绳来固定纽扣。缝纽扣时，也要注意与扣绳保持适当位置，防止扣绳从纽扣上松开。

用线制成扣绳

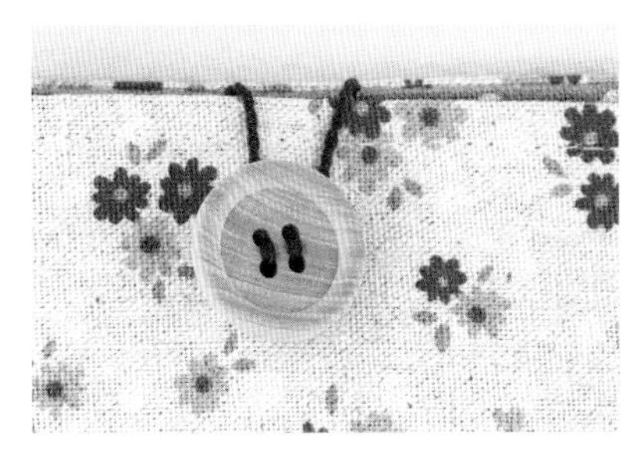

用缝纽扣的线或者刺绣线、毛线等编成扣绳。

用细绳制成扣绳

用市面上出售的细绳制成扣绳是最为简单的方法，也是对剩余小段细绳的再次利用。

用布条制成扣绳

将布条缝制成扣绳。可使用与包体相同的布料，视觉上相互呼应，风格统一。

用线制成扣绳的方法

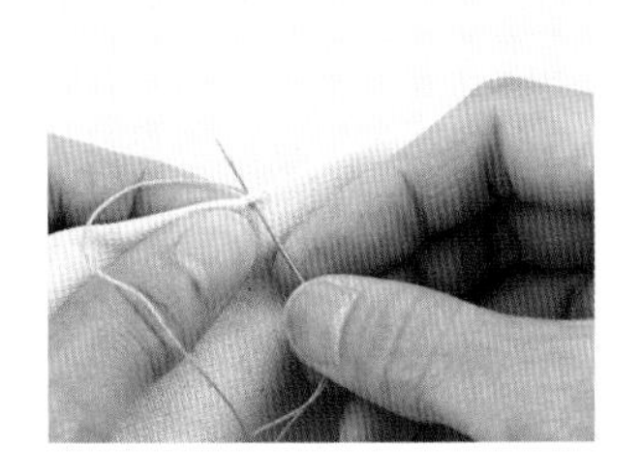

1 用针将线穿过布料，绕成一个圆圈。

2 线头穿过圆圈，左右拉紧。利用锁针（也叫辫子针，钩针的基础针法）的方法，重复多次。

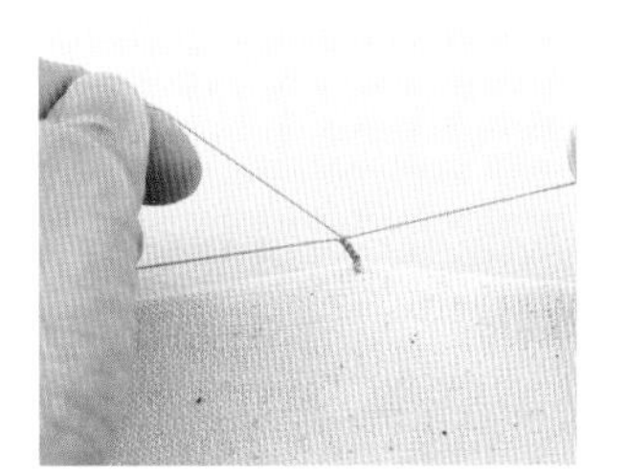

3 打出多个线结。当线结达到所需要的长度时，将针穿过圆圈，缝在布料上即可。

缝纽扣的方法

1 为了使扣绳能稳固地套在纽扣上，缝纽扣的线需要留出一定的长度。缝纽扣时应尽量让扣子保持略松弛的状态。

2 用线头缠绕纽扣线。根据扣绳粗细不同，所留出的纽扣线的长度也不相同。

用布条制成扣绳的方法

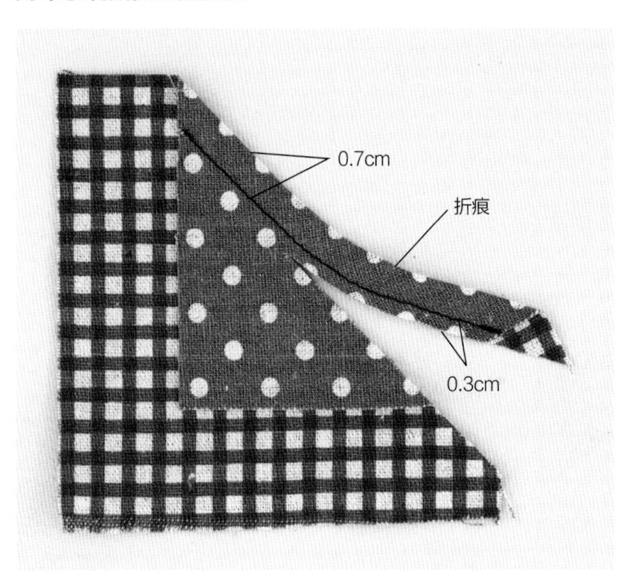

将布条正面相对，斜向内折，缝出 0.6~0.7cm 的宽度，然后剪下来。利用针线和返口工具将布条翻至正面。

拉链圆筒包 → 原大纸样 B 面

使用两条拉链，
制作出方便使用的圆筒型小手袋，
也可以用作手提包。

围绕包包的圆柱形曲线，拉链也呈圆形，不过实际上安装时是沿直线安装的。这里没有使用有两个滑锁的拉链，而是安装了两条拉链，使包包从两侧均可拉开。

表布用的是具有张力的棉麻材料，里布有可爱的小花图案。缝份用包边条包边，十分美观。

制作方法 *为了便于读者理解，这里使用的布料、缝纫线的颜色与第 32 页成品不同。

材料

表布 85cm×25cm

里布 85cm×25cm

加棉黏合衬 35cm×20cm

拉链（长 20cm） 2 条

包边条（宽 12.7mm，2 条） 95cm

提手带用布条（宽 2cm） 60cm

成品尺寸

直径 14cm，高 14cm（不含提手带）

剪裁图（单位：cm）

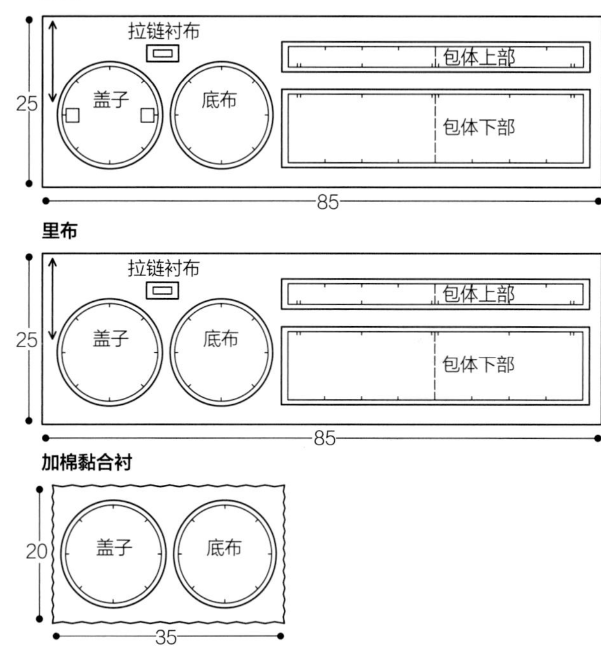

表布（反面） 里布（反面）

包体上部 包体上部

包体下部 包体下部

1 将包体布料正面相对缝合，形成环形。包体上部和下部的表布与里布均采用相同方法处理。

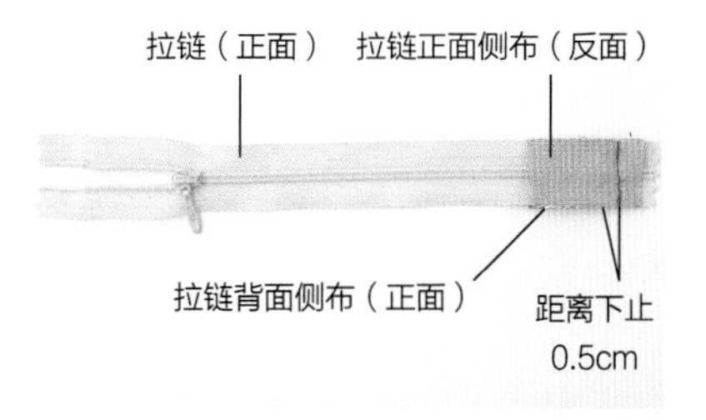

2 将两条拉链用拉链侧布连接起来。首先，将两块侧布正面相对，夹住一条拉链的下止，然后缝合。

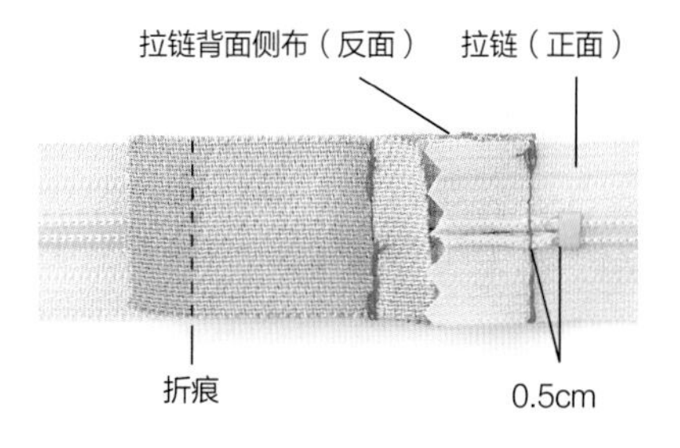

3 将拉链背面侧布向右折，再将其右端向左折（可参考图中折痕理解），然后再缝上一条拉链，同样缝在下止位置。

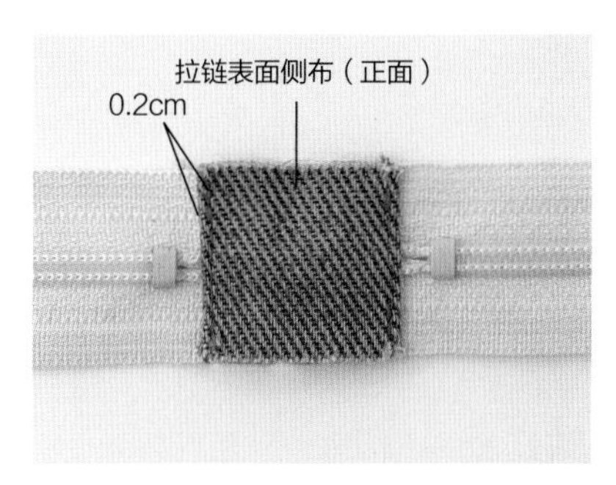

4 将拉链表面侧布的缝份向内折（见第 3 步的折痕），然后明线缝合。

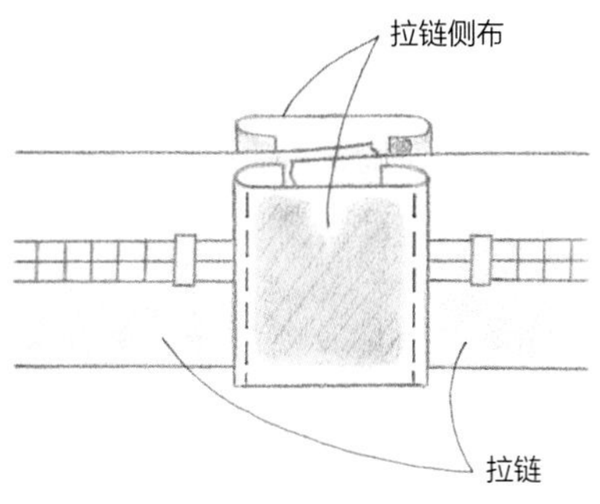

这样，两块拉链侧布便将两条拉链连接了起来。

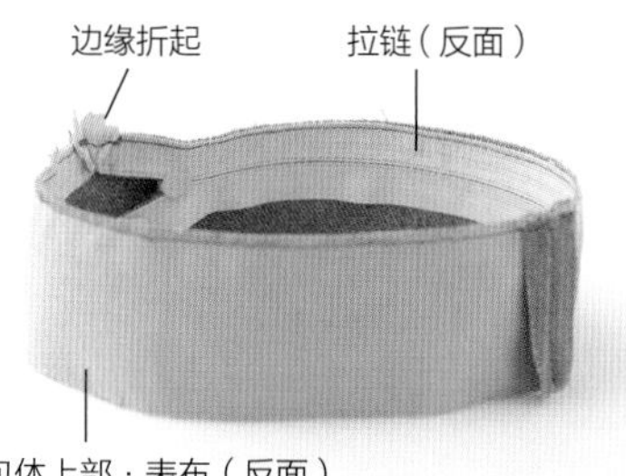

5 将拉链与包体上部的表布正面相对，简易固定。

将拉链上端折起，固定在缝份内。

6 在第5步的基础上，再叠上包体上部的里布，正面相对，缝合。

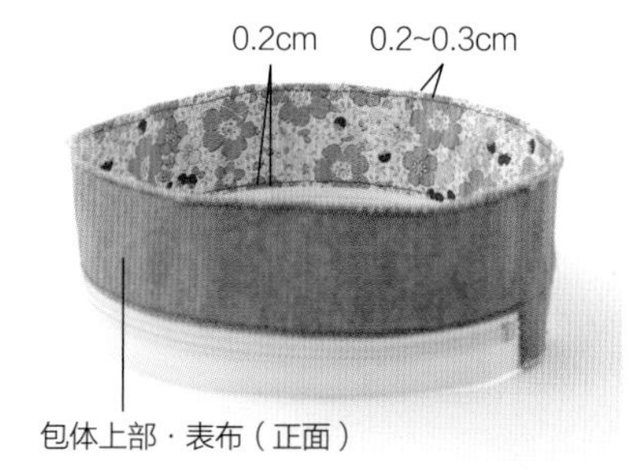

7 将包体上部的表布和里布都翻至正面，明线缝合下边缘。另外将表布和里布对齐，缝合顶部盖子一侧。

8 包体下部也采用同样的方法安装拉链。

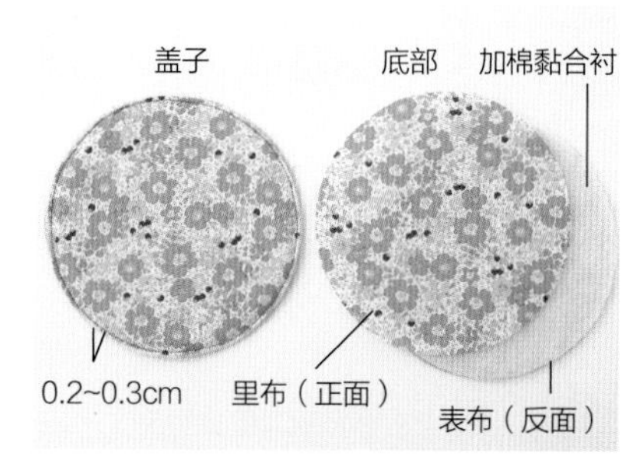

9 制作盖子。在表布反面贴上加棉黏合衬，然后与里布反面相对，明线缝合一圈固定。底部也采用同样方法制作。

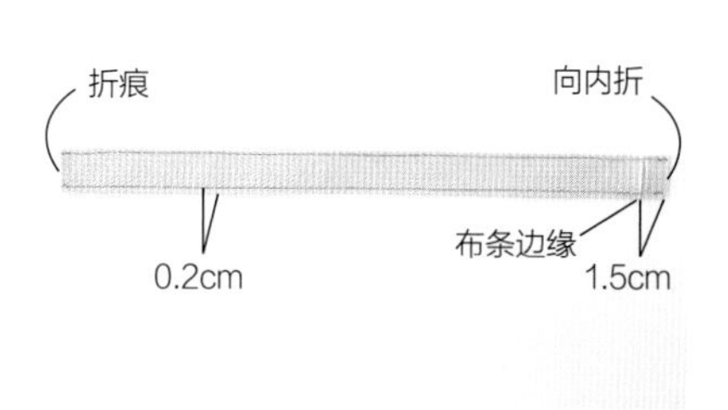

10 制作提手带。将布条两端向内折，使其缝在盖子上时能够隐藏起来。

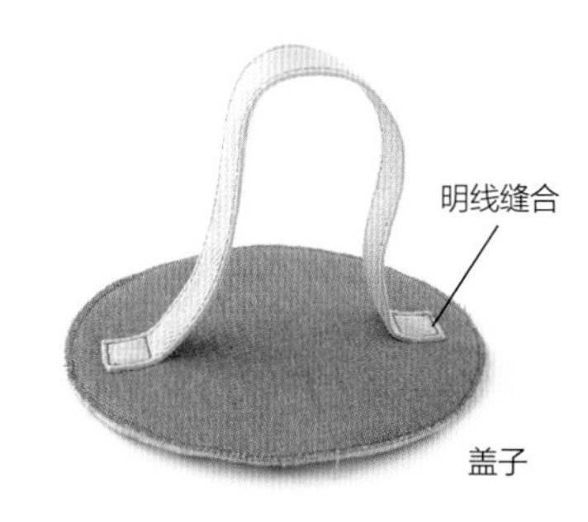

11 将提手带缝在盖子上。

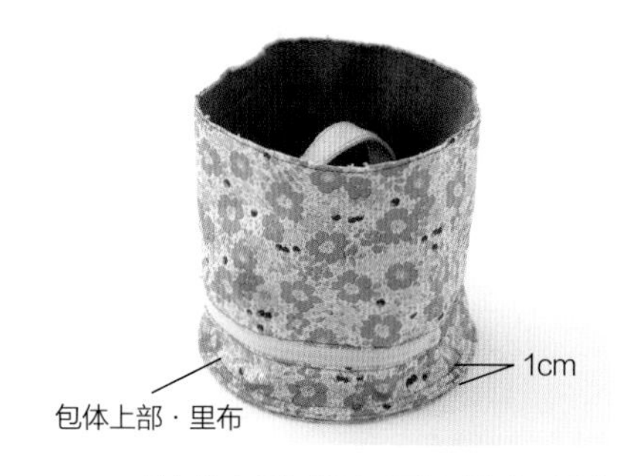

12 将包体上部与盖子正面相对缝合。要注意拉链与提手带的相对方向，对准印记。

13 采用相同方法将包体下部与底部缝合。此时应将拉链稍微拉开。用包边条为缝份包边（请参考第43页）。

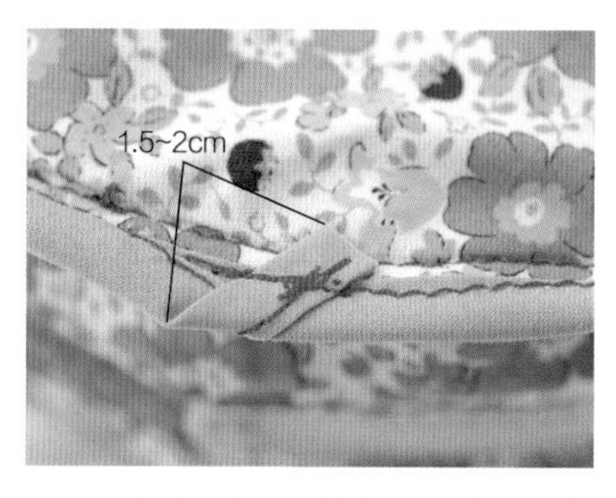

14 完成包边后，将最后1.5~2cm的部分用回针缝方式缝合，之后将其向上翻折，缝在缝份上。

15 利用拉链形成的返口将包体翻至正面，调整形状。

口袋

口袋决定着包包的实用性。
在包包上制作实用且符合个人喜好的口袋，
也是手工制作包包的一大乐趣。

一起来学习 5 种不同类型口袋的制作方法吧!

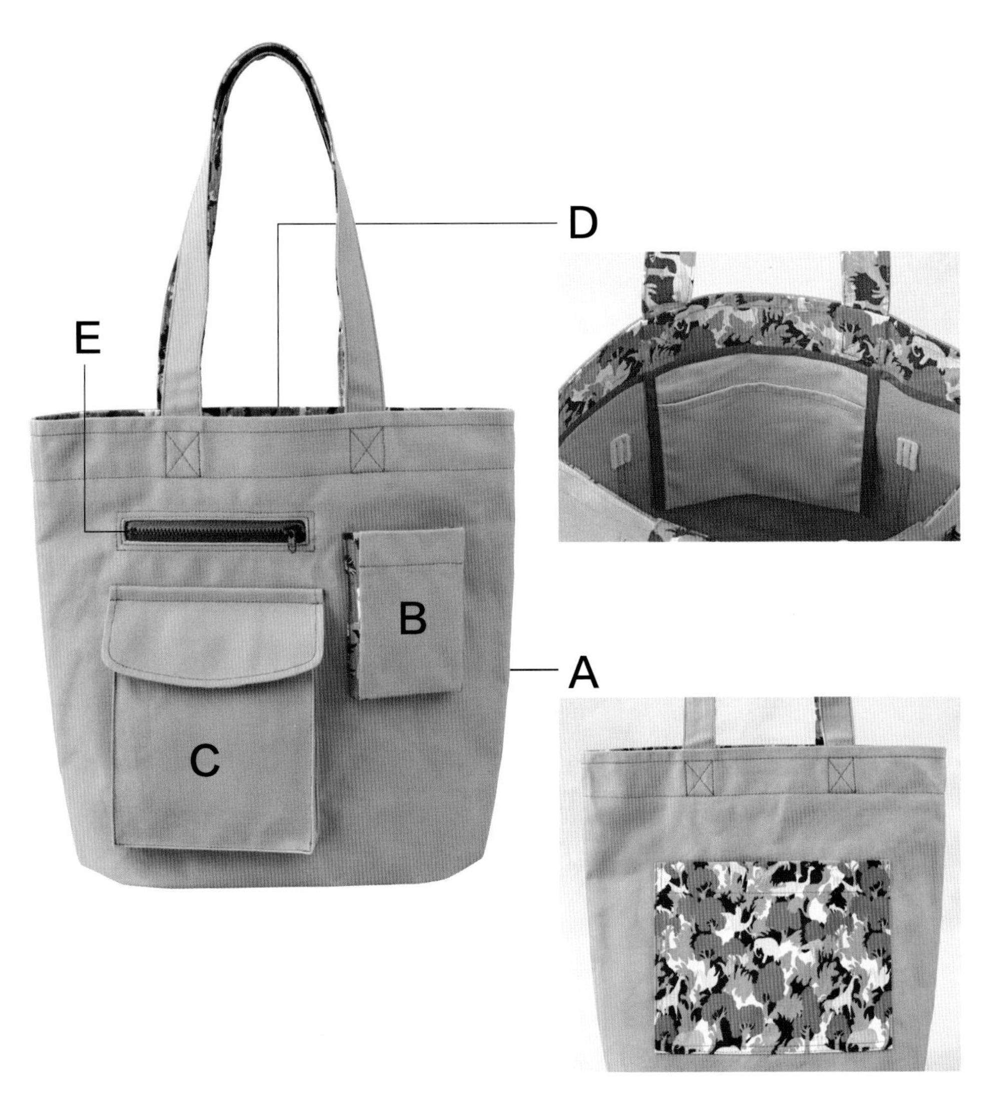

A 贴袋

将缝份向内折，缝在布料表面的口袋，也是最简单的平面口袋。

B 墙子用其他布料制作的立体口袋

这种口袋能够自由组合布料，可在包口附近缝上放手机的立体口袋，非常方便使用。

C 风琴袋

用一块布料制成的立体口袋。根据放入物品的不同，口袋的厚度也会发生变化。这个风琴袋还增加了袋盖。

D 吊袋

将另外制作的口袋缝在折边和包口的缝份里。这种吊袋同样适用于没有里袋、由一层布料制成的包包。

E 拉链袋

在包体上开剪口，袋布放在剪口内，可收纳钥匙等重要物品。拉链也是设计亮点之一。

A 贴袋

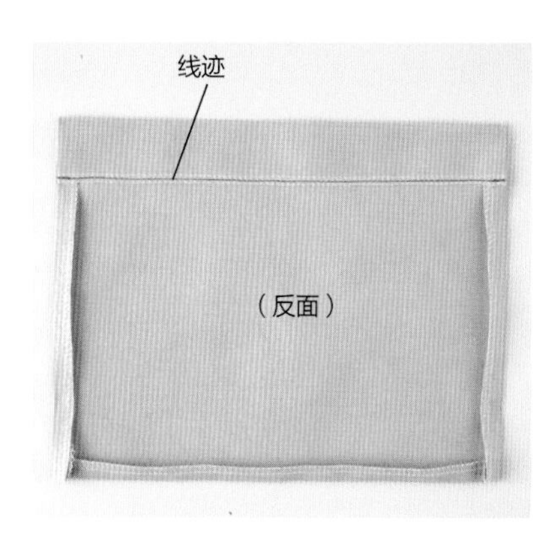

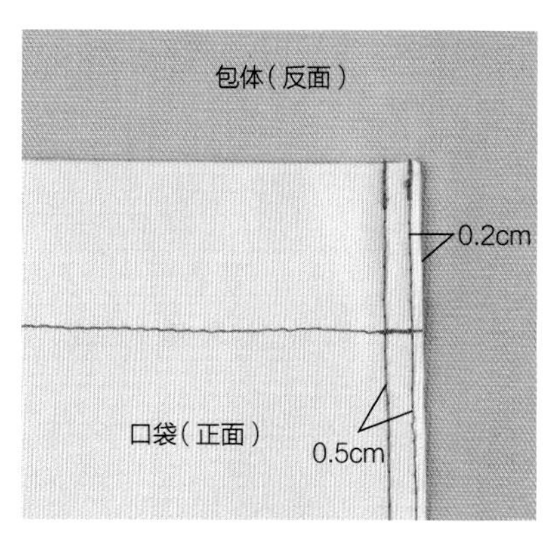

1 将袋布四边锁边，在袋布正面一侧将袋口处缝份向下折，缝合两端。先处理两端，可以使袋口处两端的缝份隐藏起来，比较美观。

2 先将袋口处的缝份翻到正面，再将袋布翻至反面，明线缝合。将剩下三边的缝份折起，用熨斗熨烫平整。

3 将口袋缝在包体上，缝出结实的双层线迹。

B 墙子用其他布料制作的立体口袋

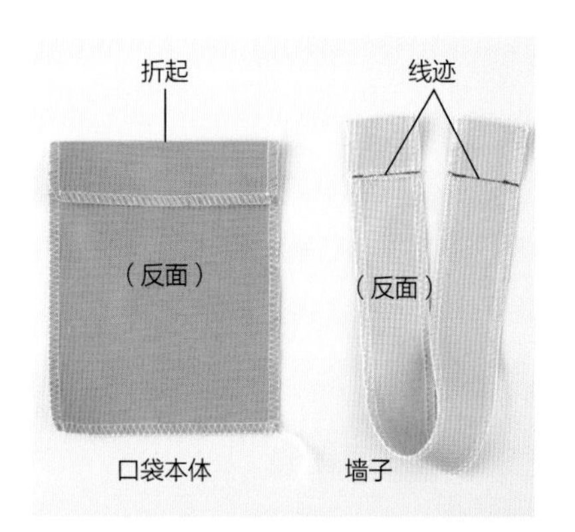

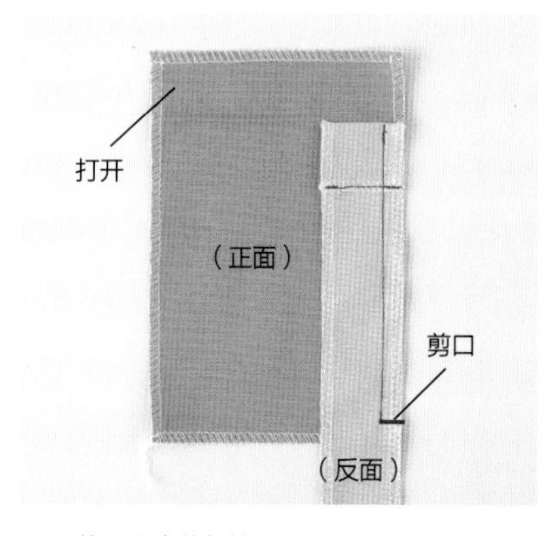

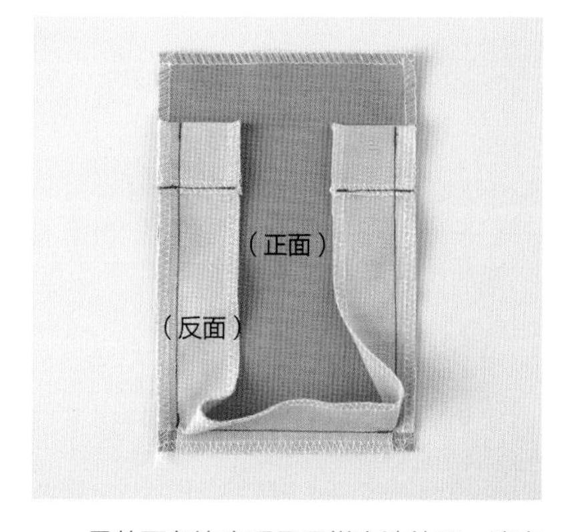

1 将口袋本体和墙子各边均锁边，袋口处折出缝份，用熨斗熨烫平整。在墙子的袋口处明线缝合。

2 将口袋本体与墙子正面相对，一条边沿着口袋成品线缝合。在墙子底部打出剪口。

3 另外两条边也采用同样方法处理，注意一条边一条边地逐一缝合，避免两角出现偏斜。

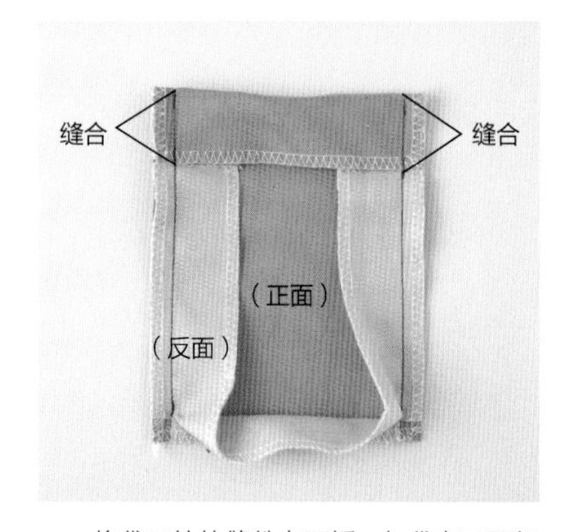

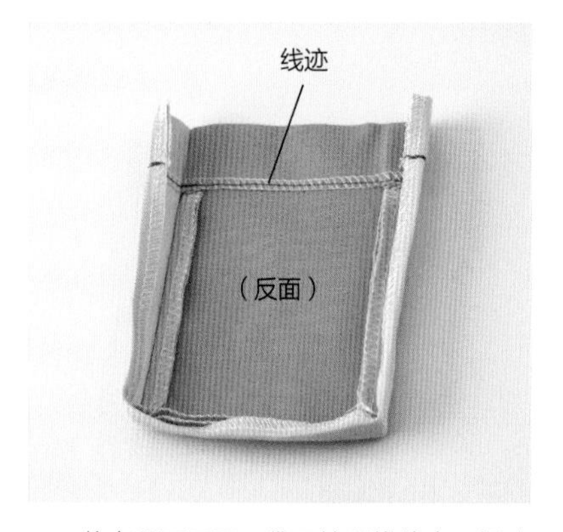

4 将袋口处的缝份向下折，与袋布正面相对，缝合两侧。

5 将布翻至正面，袋口处明线缝合，折出墙子的缝份，用熨斗熨烫平整。

6 将口袋缝在包体上（方法请参考口袋C）。

* 为了便于读者理解，这里使用的布料和缝纫线的颜色与成品不同。

C 风琴袋

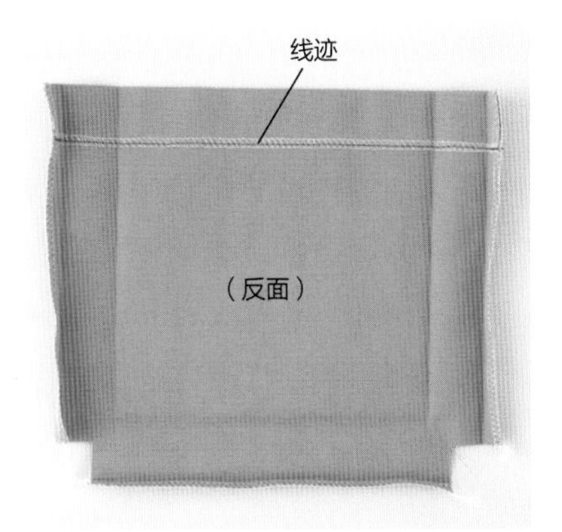

1 将袋布四边锁边，将袋口处的缝份沿成品线折起，明线缝合。

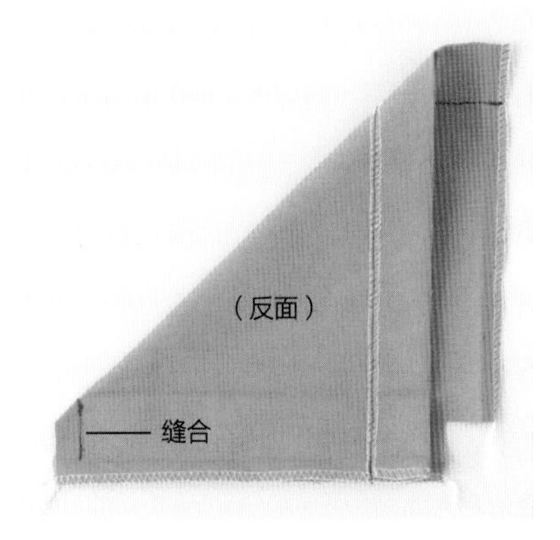

2 按图示将袋布正面相对折叠，左下角从成品线处向下缝合（如图所示）。

3 另一侧也采用相同方法处理，之后将袋布翻过来，调整形状。

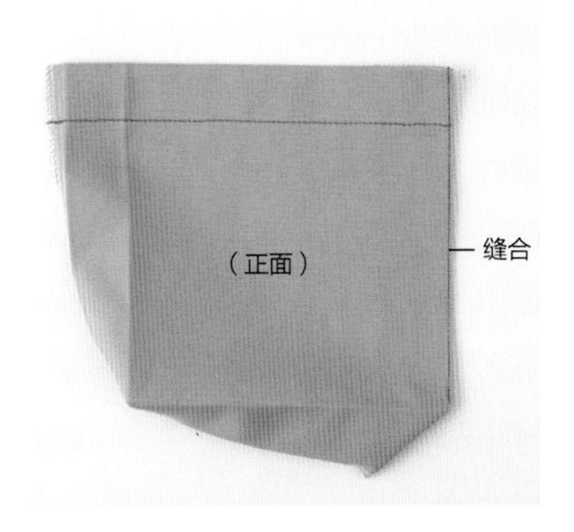

4 沿着折痕明线缝合，勾勒出形状。不要一口气缝完，应一条边一条边地逐一缝合。

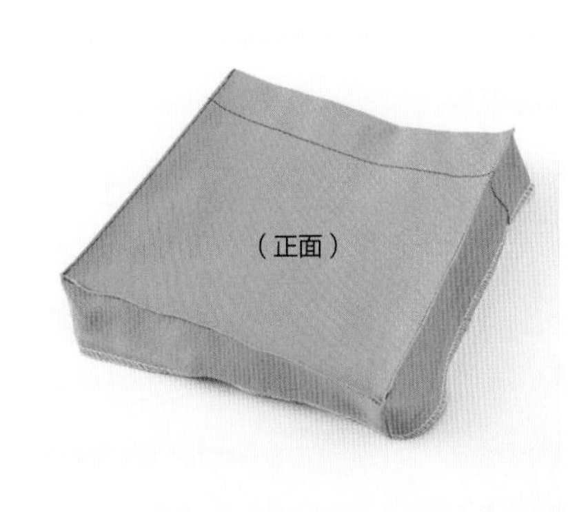

5 将三条边都缝好。

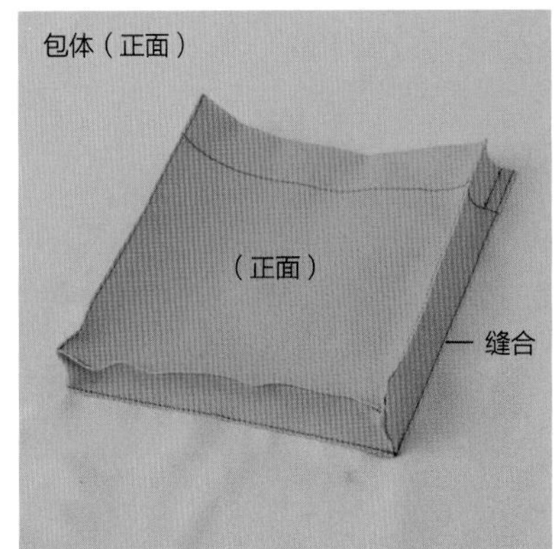

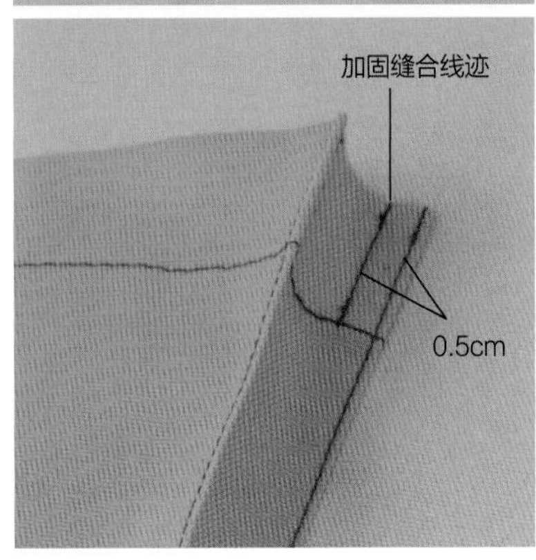

6 将口袋缝在包体上。与第4步的方法一样，应一条边一条边逐一缝合。袋口处加固缝合一次（口袋B比较小，墙子窄，因此省略了加固缝合）。

袋盖的制作方法

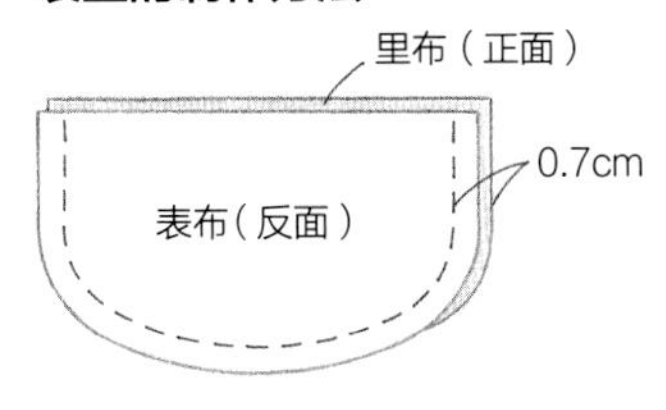

1 将两块袋盖布料正面相对缝合。

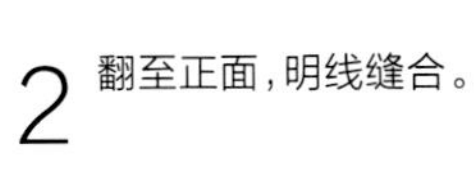

2 翻至正面，明线缝合。

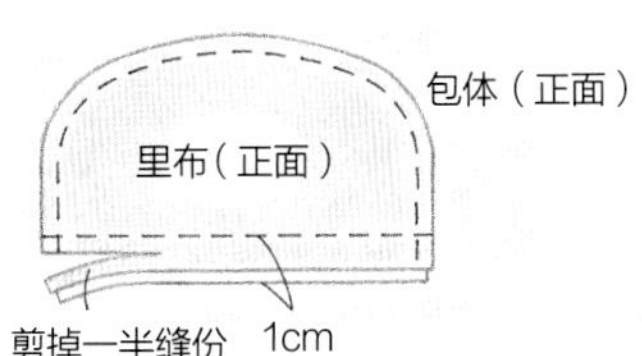

3 将袋盖缝在包体上，剪掉一半缝份。

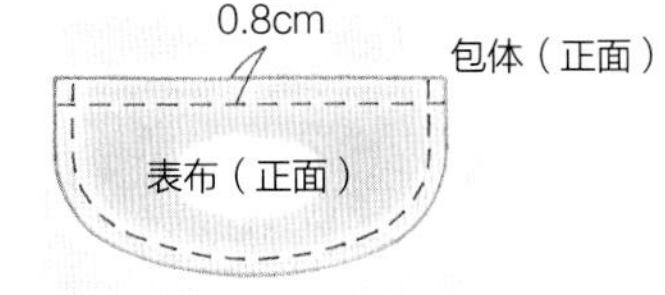
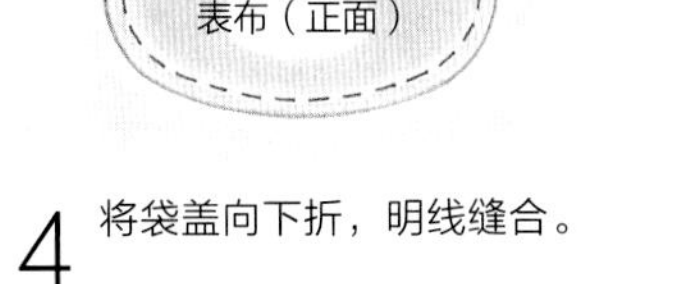

4 将袋盖向下折，明线缝合。

D 吊袋

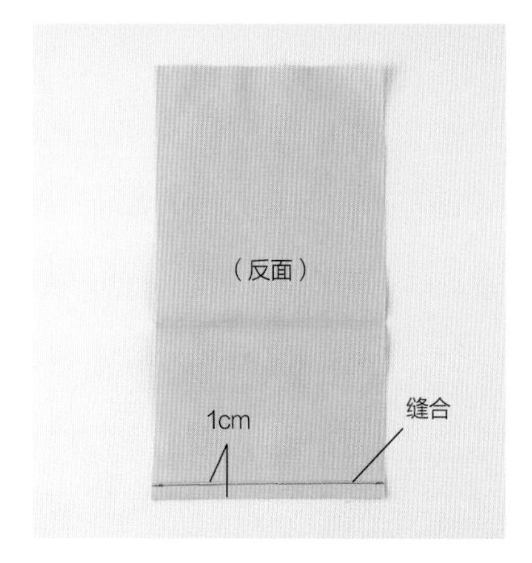

1 将袋口缝份向上折两次，缝合。如果所使用布料正反面图案不同，就在口袋成品的底部位置（图中折痕处）剪开，将上方的布进行正反互换，使吊起的部分和口袋外侧都是正面朝外。

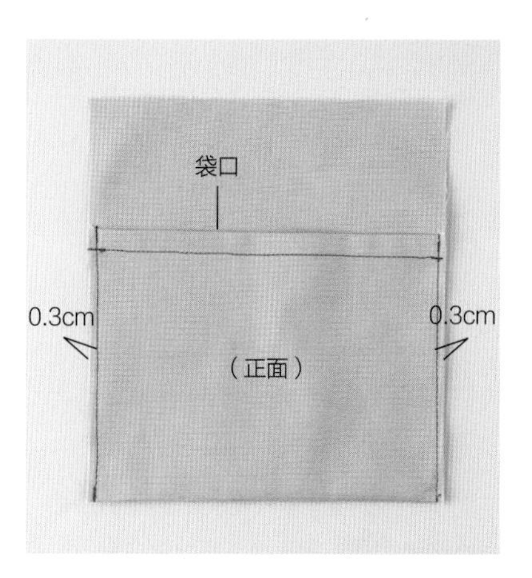

2 向上折出袋底，两侧用缝纫机简易缝合固定。

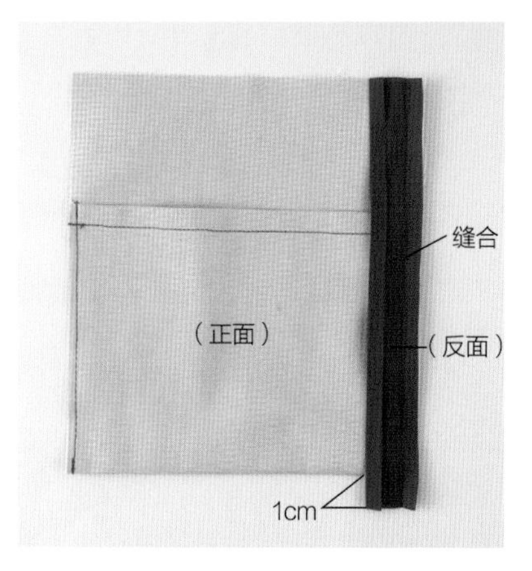

3 用包边条为两侧包边。将包边条与吊袋正面相对缝合。

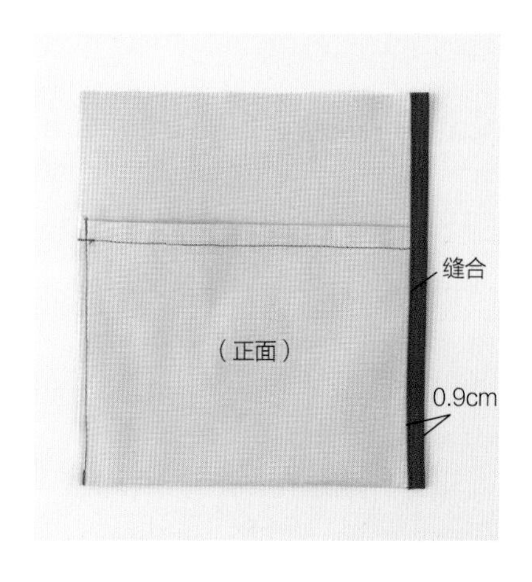

4 将包边条翻过去，包住边缘，将长出袋底边缘的部分向后折，缝合。另一侧也采用相同方法处理。（包边条的缝法请参考第43页）

Q｜需要贴力布吗？

A｜使用口袋时，袋口连接包体的部分会受力。为了加固，有时会在袋口两端与包体反面连接的部分增加一块力布。如果包包的布料结实，则无须贴力布。如果口袋使用频率较高，或者希望包包更加牢固，建议贴上力布。一般情况下，会使用黏合衬（有里袋的时候）或是与包体相同的布料做力布，也可选择不会绽线、方便使用的无纺布。将双面黏合衬固定在包体内侧，缝口袋时不易发生偏离。

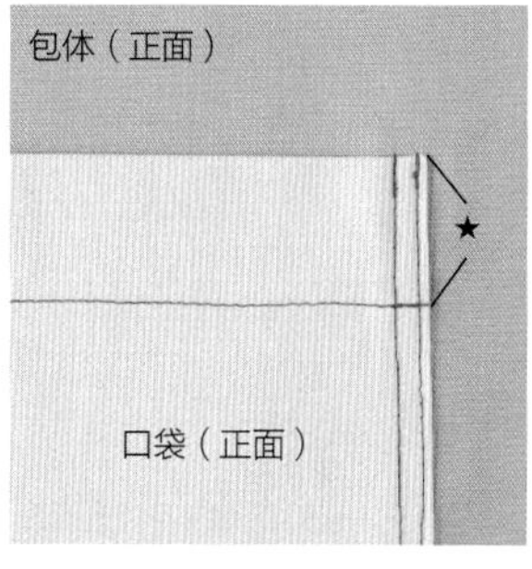
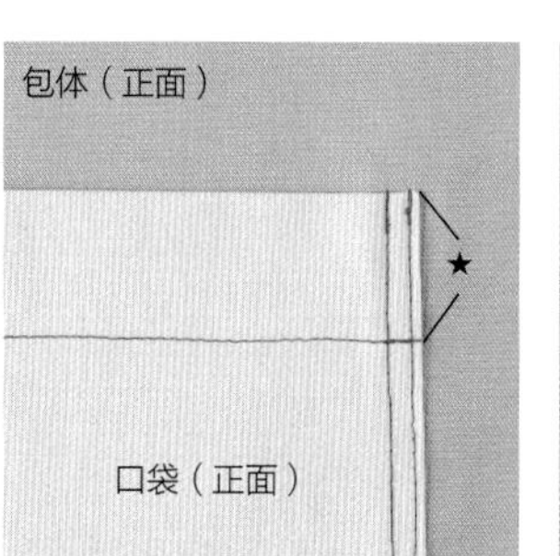

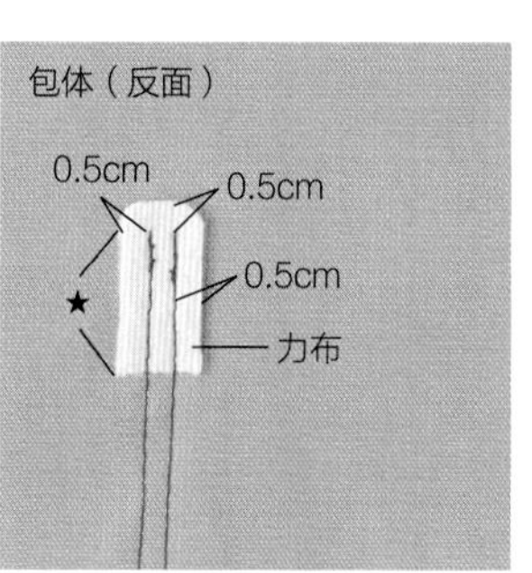

在力布对应的包体正面缝口袋，力布大小如图所示。注意回针缝口袋边缘时要将力布一并缝上。

E 拉链袋

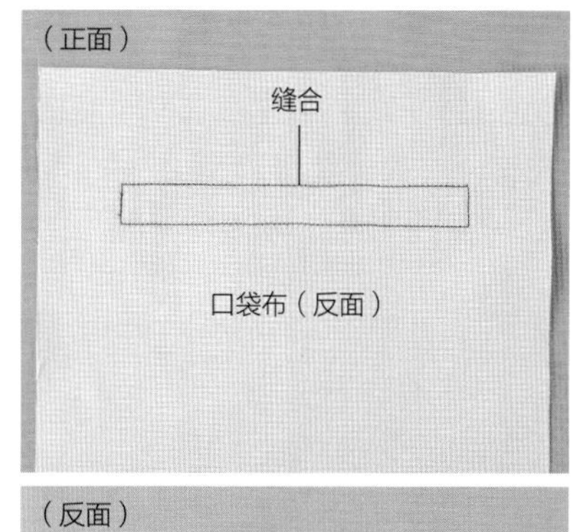

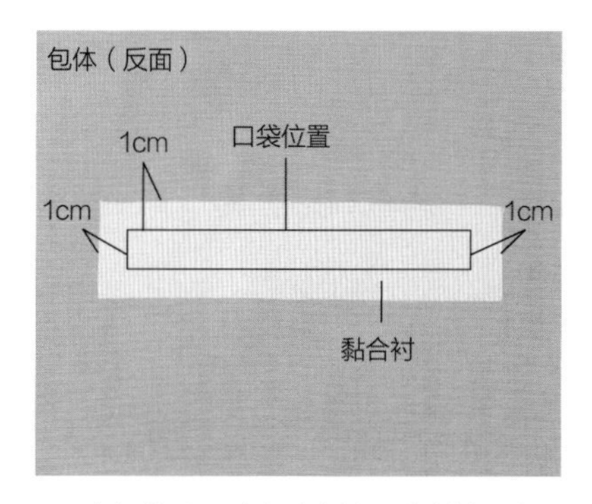

1 在包体反面贴上黏合衬。黏合衬要比袋口四周大出1cm左右。

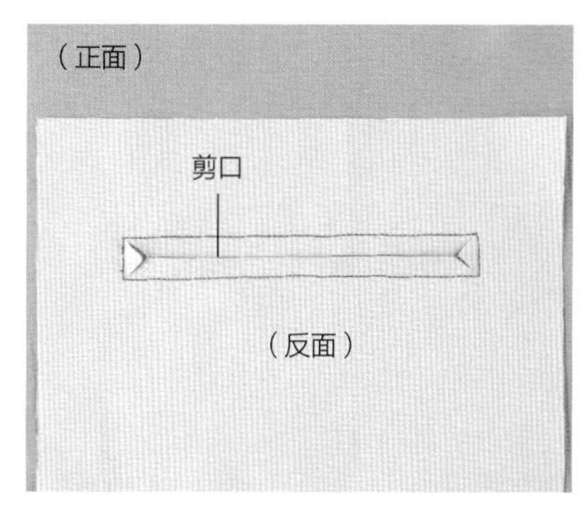

2 将口袋布反面朝上，置于包体布料正面，按照口袋位置标记缝合袋口四周。

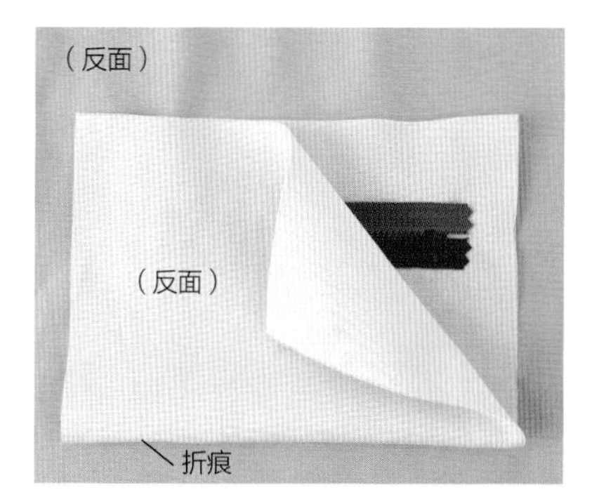

3 如图所示，两块布料一起打出剪口。

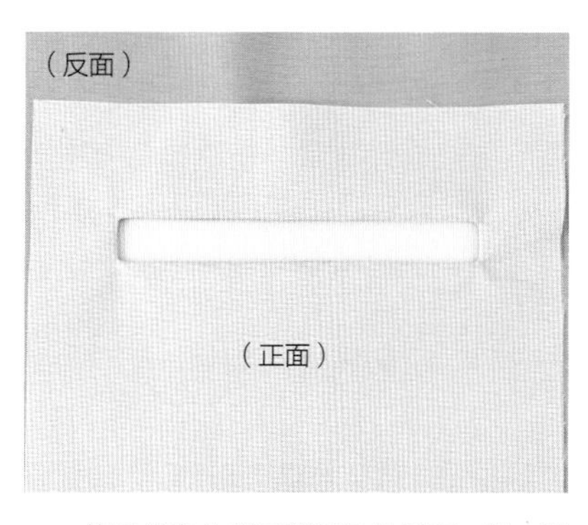

4 将口袋布从袋口翻到包体反面一侧，用熨斗熨烫，调整袋口形状。

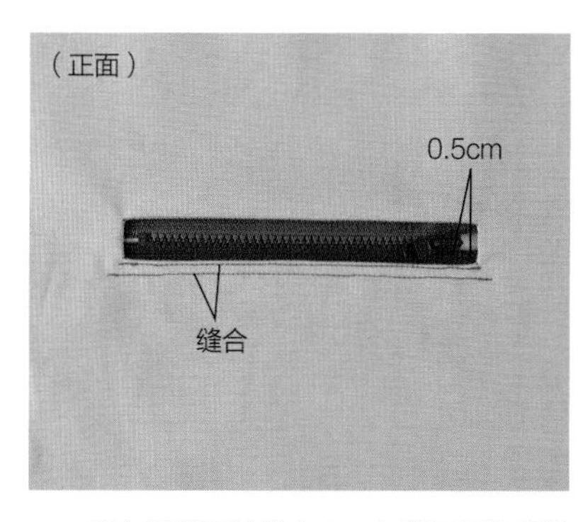

5 将布料置于拉链之上，在袋口下边明线缝两条线迹，固定住拉链。

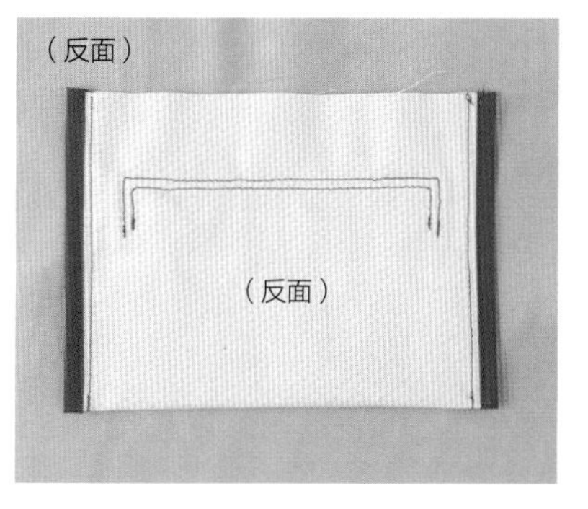

6 将口袋布折起。

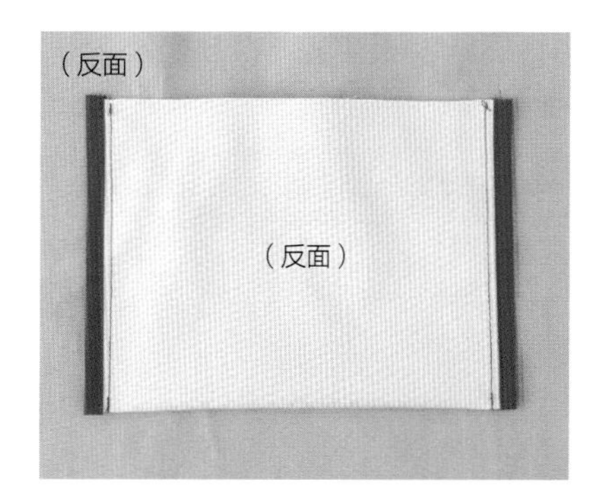

7 缝合两侧，用包边条为两侧包边（请参考口袋D）。

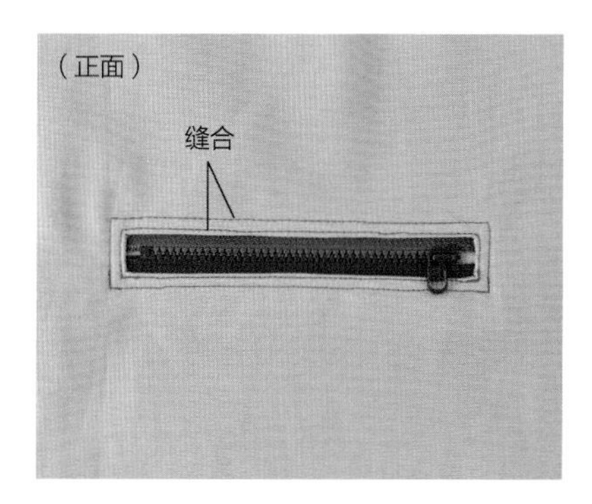

8 缝合袋口另外三边。连着口袋布一起缝合。

9 从反面看的样子。口袋布的上端将被包包的折边布夹住，因此无须包边处理。

多口袋帆布包 → 原大纸样 A 面

可以将各种口袋都缝在包包上，
也可以只选择必需的口袋，
或增加口袋数量也完全没问题。
为包包缝上独具创意的口袋，
享受其中的乐趣吧！

包体表布使用的是比较厚的帆布。这款包包没有里袋，仅用单层布料做成，但非常坚挺，可以立起来，便于使用。

为包包缝上带拉链的口袋或者立体口袋，可以使包包容量增加，并提升其整体的格调。

制作方法

＊为了便于读者理解，这里使用的布料、缝纫线的颜色与第 40 页成品不同。

材料（尺寸为安装了所有口袋后的）

表布 75cm×80cm
里布（提手带里布、折边、口袋 A、
口袋 B 墙子、口袋 C 袋盖里布） 60cm×65cm
袋布（口袋 D、口袋 E） 40cm×35cm
黏合衬 16cm×5cm
力布用无纺布 10cm×10cm
拉链（长 12cm） 1 条
包边条（宽 12.7mm，2 条） 2m

成品尺寸

32cm×36cm（高 × 宽，不含提手带），厚 12cm

剪裁图（单位：cm）

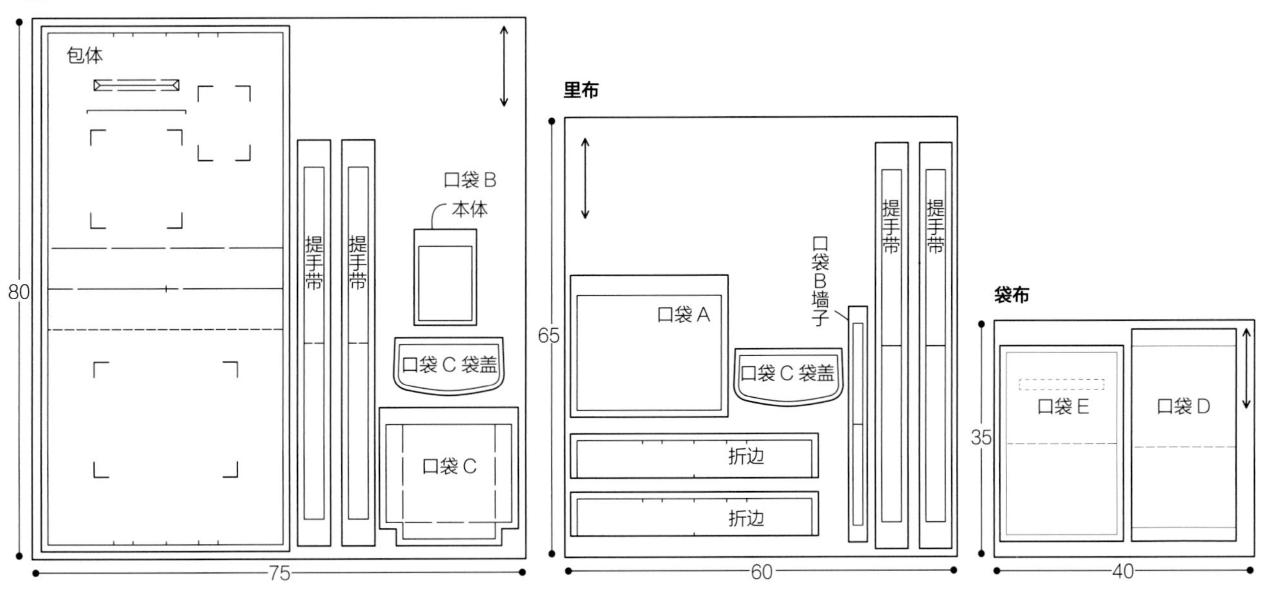

包体的制作方法（口袋请参考第 36~39 页）

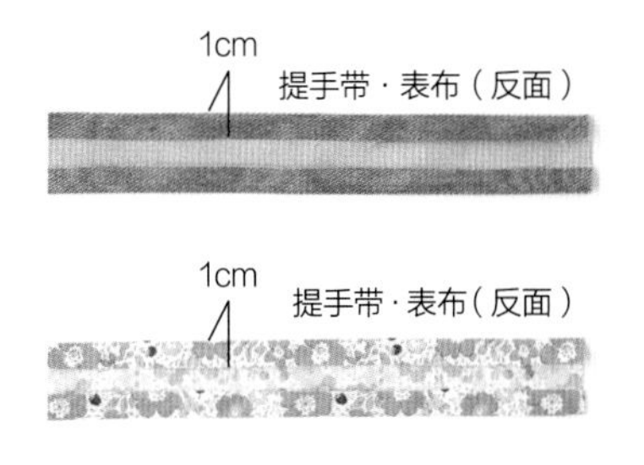

1 提手带表布和里布按成品尺寸折好，用熨斗熨烫平整。

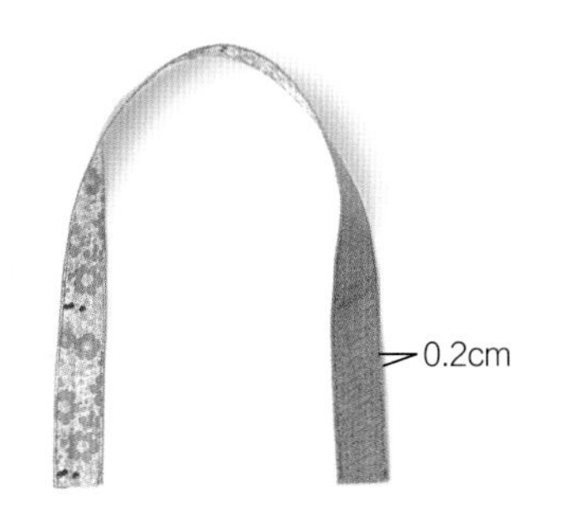

2 将第 1 步的两条布条反面相对，缝合两侧。

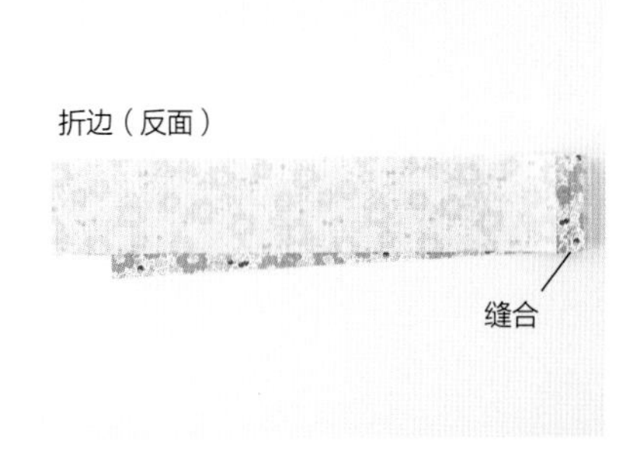

3 将折边正面相对，缝合一端，劈开缝份。

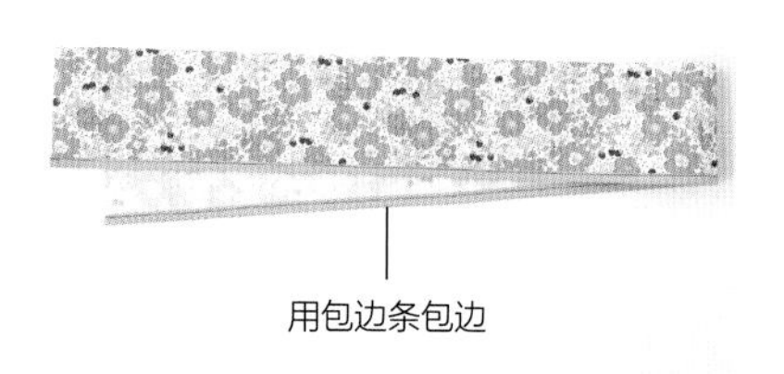

4 用包边条为折边包边（请参考第 43 页）。

5 将折边再次正面相对，缝合另一端，形成一个环，劈开缝份。

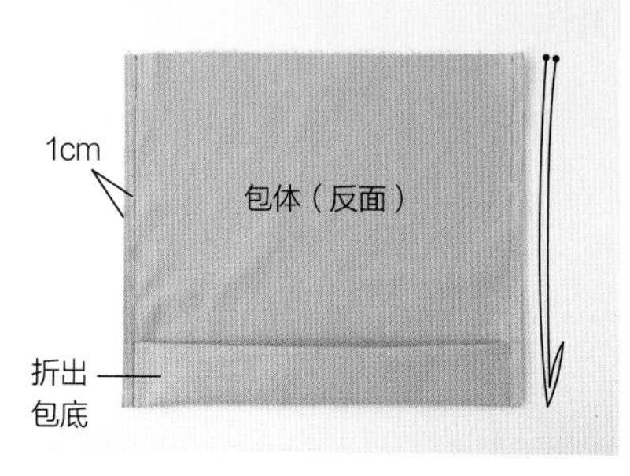

6 将包体（口袋已经事先缝好）正面相对对折，折出包底，缝合两侧，制作出一个“折叠包底”（详细步骤请参考第 19 页）。

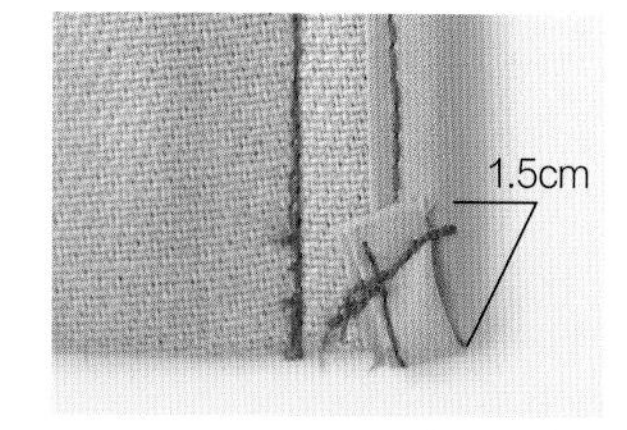

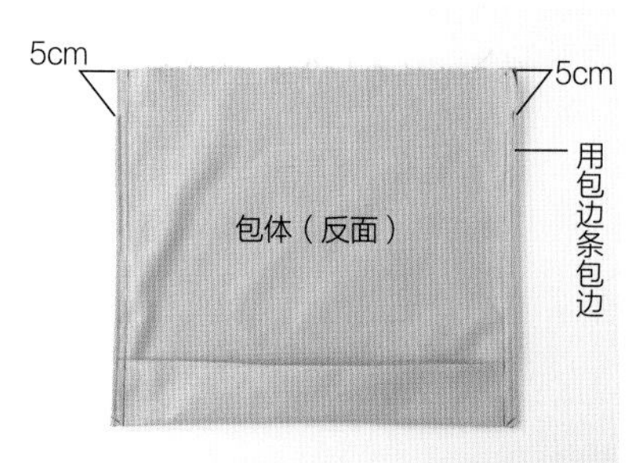

7 用包边条为两侧缝份包边（请参考第 43 页），包口的缝份先不处理。将底部多出来的包边条向上折，缝合固定（如上图所示）。

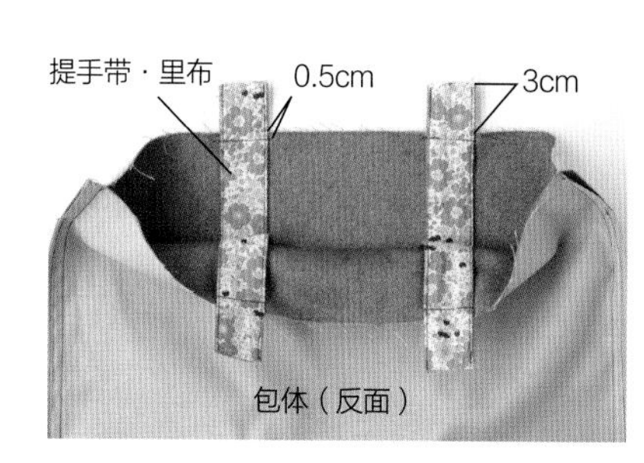

8 将提手带固定在包体正面。

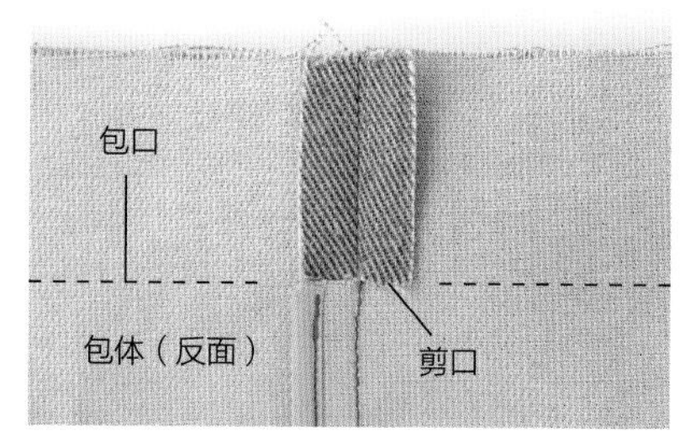

9 在包体侧面对应包口位置处的缝份上打出剪口，劈开缝份，用熨斗熨烫平整。这样，缝折边的时候就可以保证厚度均等了。

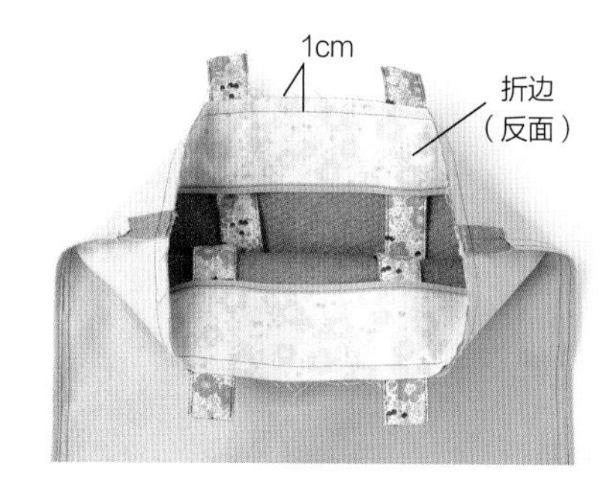

10 将折边与包体布料正面相对，缝合包口。

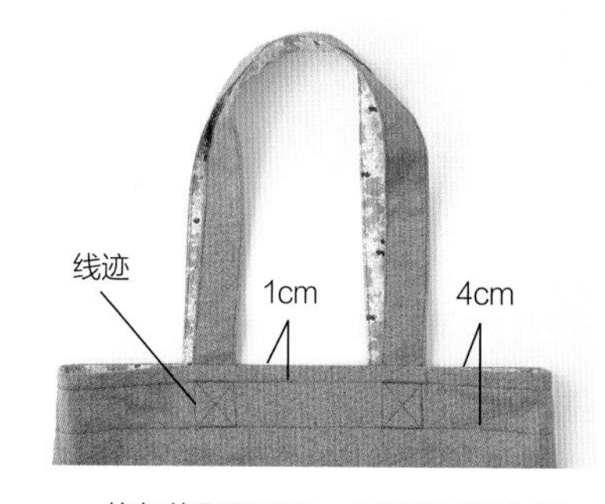

11 将包体翻至正面，用熨斗熨烫包口。如果要安装吊袋（口袋 D），需要将其夹起来，因此在包口处需要缝两道线迹加以固定。提手带缝份的位置也需要加固缝合（方法请参考第 14 页）。

12 完成。

用包边条包边

为包包的缝份包边时经常使用到包边条。
包边可以使布料的剪裁边缘隐藏起来，
使其更加整洁美观，
也利于保持布包形状。

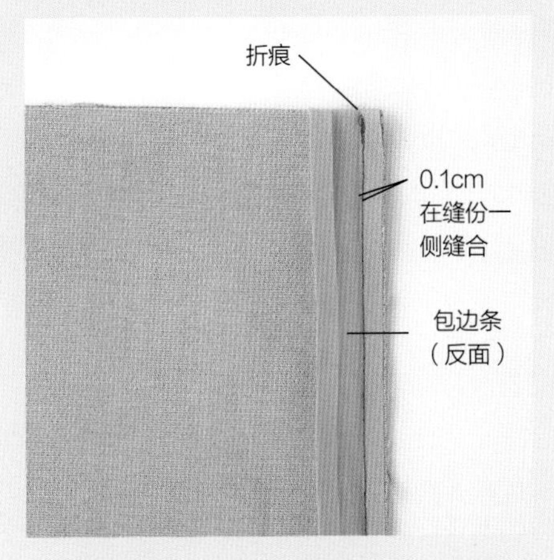

1 打开包边条一侧，对齐缝份缝合。请在距离折痕 0.1cm 的缝份一侧缝合。

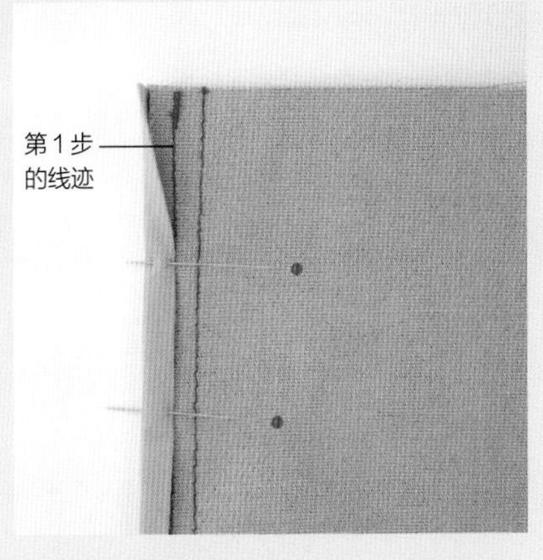

2 将包边条翻到布料的另一面，将布料的剪裁边缘包住，用珠针固定。折痕应正好与第 1 步的线迹重叠。如果布条不稳固，可以使用珠针固定。

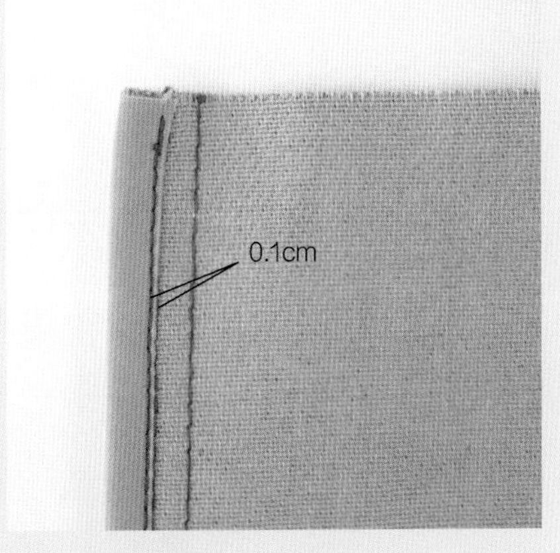

3 在折痕内侧缝合。

另一侧的样子。因为其他地方已经缝合，所以即使包边条上有针脚脱落也没有关系。

包边条两端的处理方法

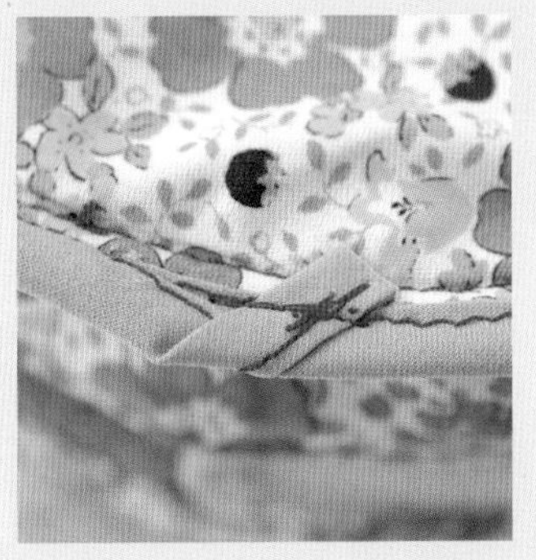

将布条多缝出 1.5~2cm，向内折起，用缝纫机缝合固定，使这些不易被注意到的地方更加美观。

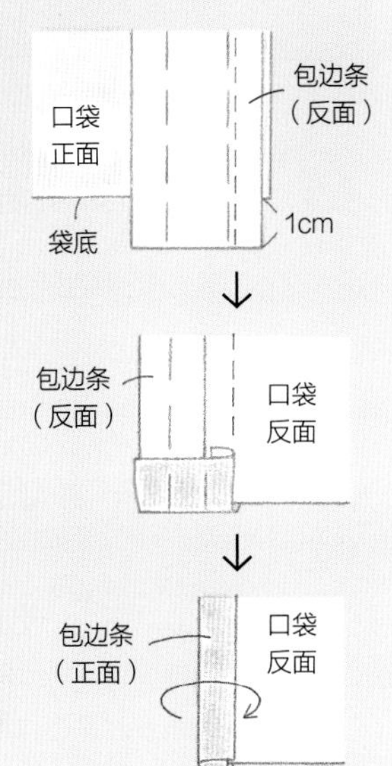

如果是为吊袋两侧或是为可从包口看到的包包墙子的缝份包边，则可以先将布条向内折再进行缝合，将布条的剪裁边缘隐藏起来。

褶裥与抽褶

褶裥和抽褶可以使包包容量增大，更加柔软，
也可使包包的设计和种类更加丰富。
很多人无法缝出完美的褶皱，
不如先从准确地做标记开始学习吧。

一起来学习它们的缝制方法吧!

褶裥

将布料折叠，然后将布料调整为端正、平整的形状。
首先来学习纸样的标记。标记所画的是直视布料正面时的操作步骤。

倒向一侧

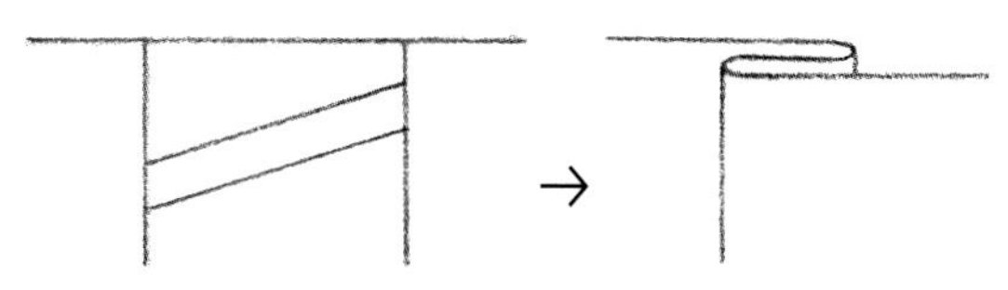

倒向一侧的褶裥。纸样上用两条斜线代表了褶裥，需要将布料从斜线较高的位置折向较低处。

两侧相对

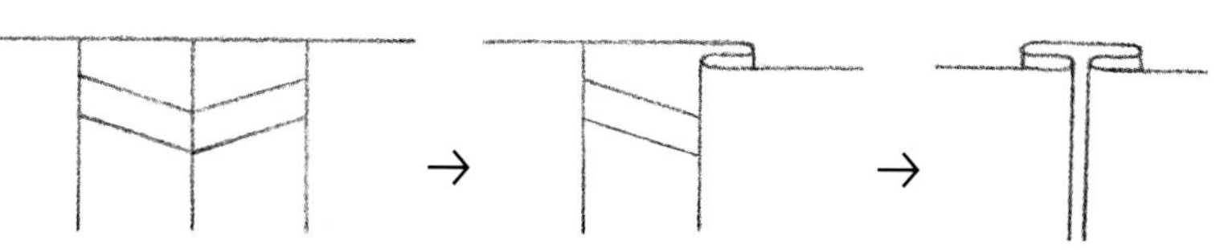

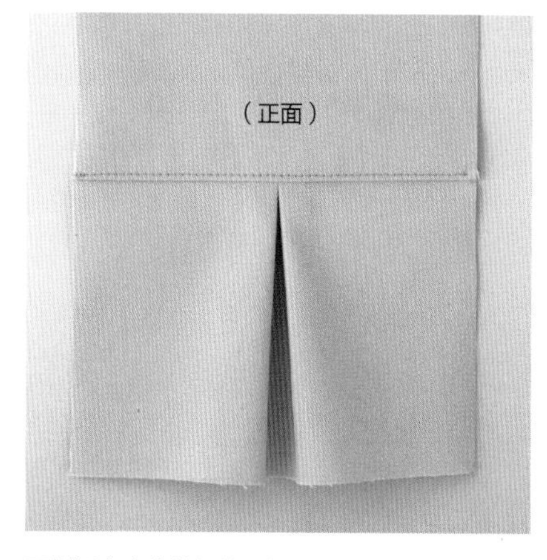

两侧折向中心的褶裥。与倒向一侧的褶裥相同，需要将布料从斜线较高的位置折向较低处。

Q 做好了标记，但为什么叠的时候还是歪了?

A 因为折叠时能看到的是布的正面，因此可以将标记画在正面的缝份上，不仅便于理解（如左图所示），叠的时候也不容易发生偏移。另外，比起用划粉做标记，更推荐打剪口（在缝份处打出0.3~0.4cm长的剪口作为标记），位置会更加精准（如右图所示）。

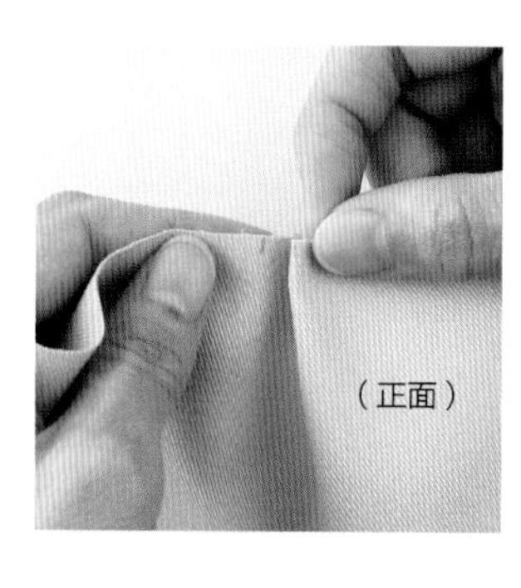

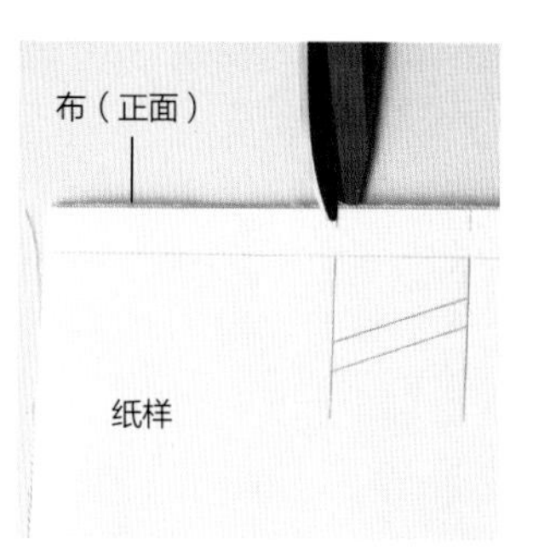

褶裥的缝合方法

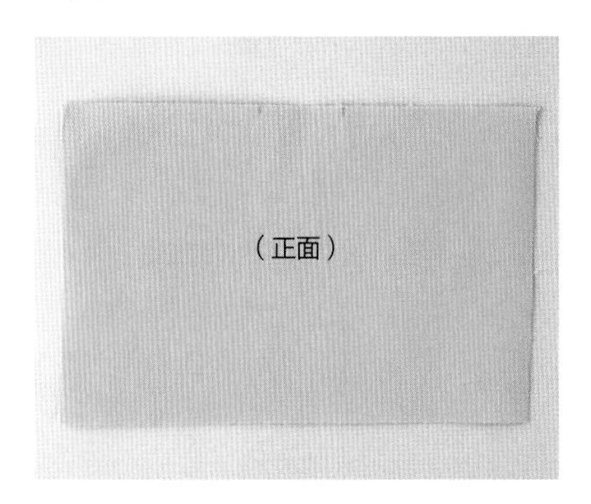

1 按照纸样，在布料上做出标记。以倒向一侧的褶裥为例。

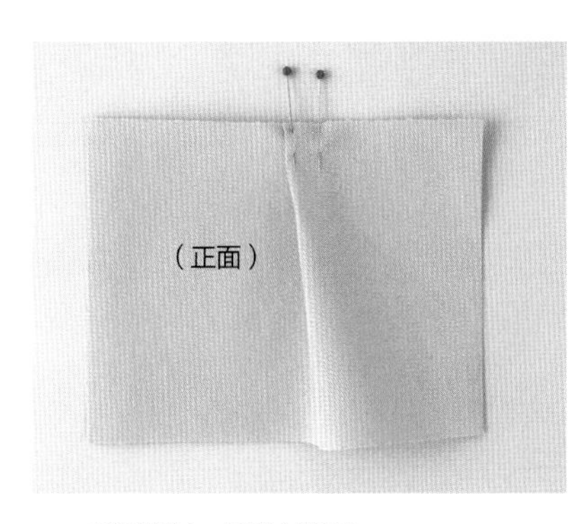

2 折出褶皱，用珠针固定。

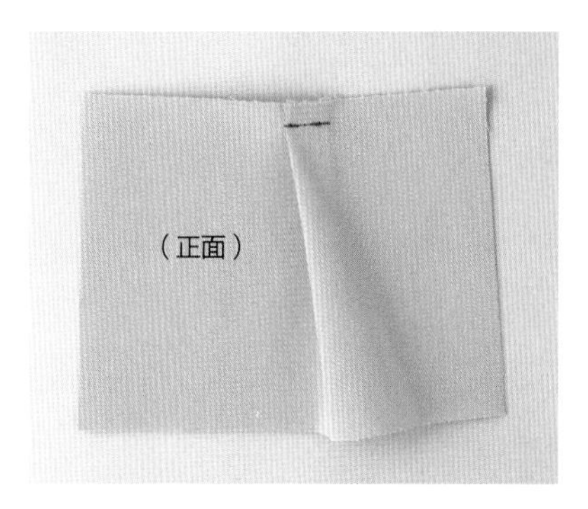

3 在缝份处缝合固定。之后将其缝在另一块布料上，用包边条包边。

抽褶

拉拽疏缝缝线，让布料抽缩在一起，制作出细小的碎褶。
抽褶给人以轻软可爱的印象。褶量变化也会营造出不同的效果。

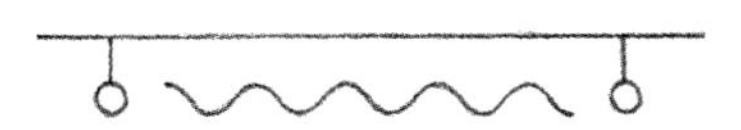

纸样上用波浪线表示抽褶。标记间的部分需要按成品尺寸抽成褶。

成品尺寸×1.5㊀

成品尺寸×2

成品尺寸×2.5

褶皱量不同带来的效果不同。
此外，布料的厚度不同，制作出来的效果也会不同。如果是自己设计包包，可以先尝试为布料抽褶，然后再选择用布。

㊀ 成品尺寸 × 倍数 = 抽褶部分的布料长度

抽褶的缝合方法

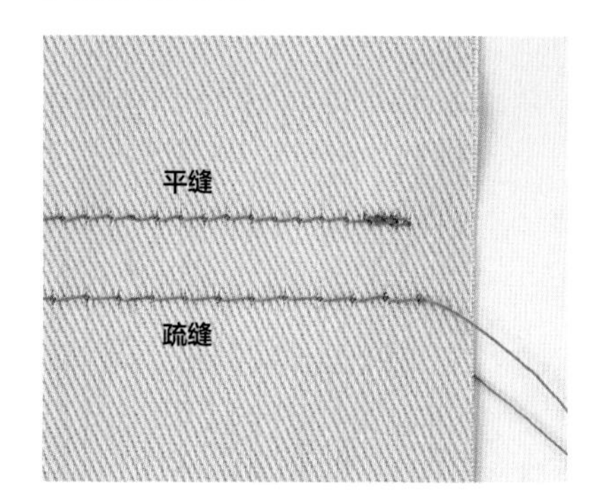

1 疏缝，针脚间隔由布料厚度决定，一般是平缝的 1.5~2 倍（图中的平缝针脚为 0.2cm，疏缝的则为 0.3~0.4cm）。

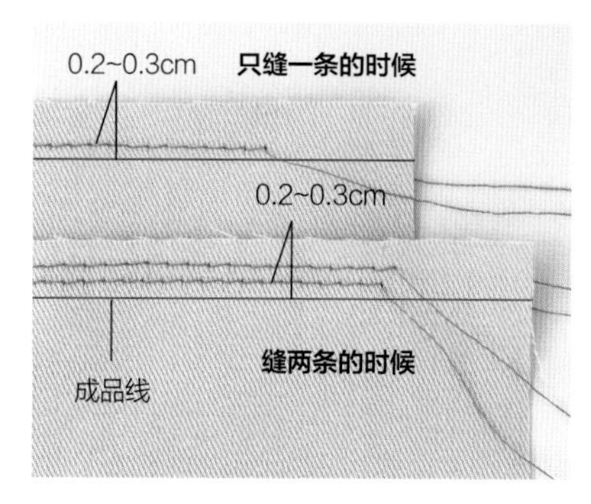

2 疏缝的这条线应缝在由平缝固定的成品线附近的缝份上，一般距离成品线 0.2~0.3cm。可选择疏缝一条或两条线，能固定住布料即可。疏缝两条线可更加稳固，用包边条包边时也会比较方便。

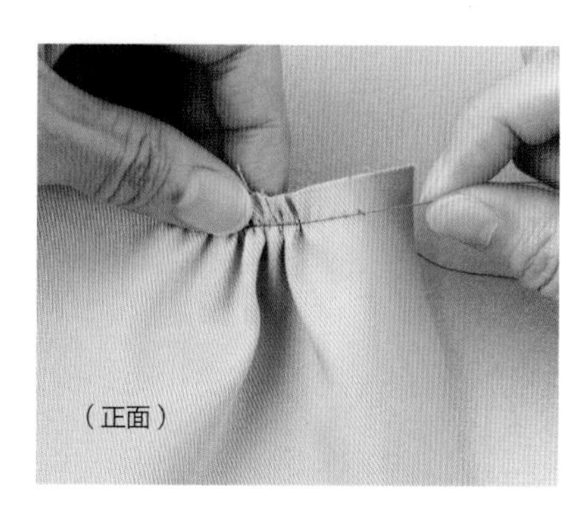

3 抽线，抽出褶皱。抽拽面线或底线都可以。抽线的一面会出现褶皱，因此推荐抽拽正面的线。抽线的时候，另一手不要拉着布料边缘，而是拉住线痕上方的布料根部，一边整理，一边拉线。

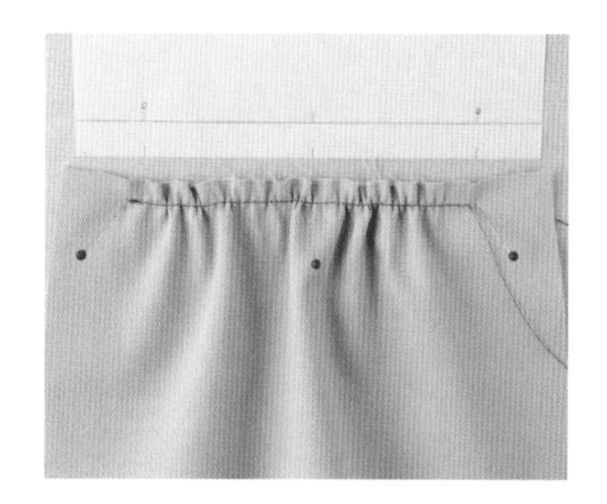

4 抽线至成品尺寸，将布料与纸样上的标记对齐，用珠针固定，置于熨烫台上，将抽褶调整均匀。

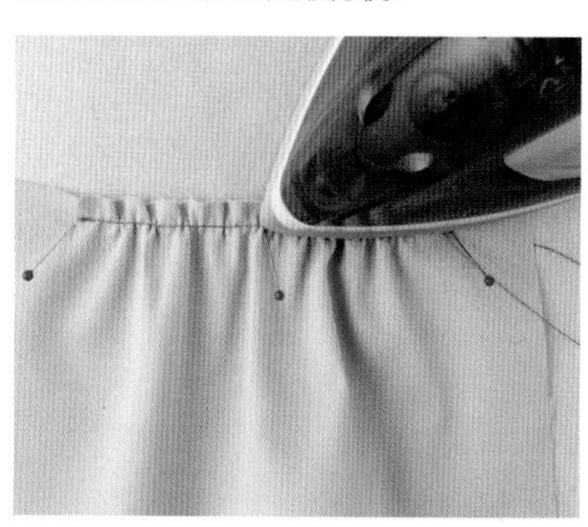

5 用熨斗将缝份熨烫平整。这样可以使褶皱不易松动，方便之后的操作。

Q 如何在较厚的布料上抽褶？

A 较厚的布料并不适合抽褶。如果只是稍有一点厚度的布料，抽褶时可以尝试使用 30 号线。这种线比较结实，即使用力拉拽也不会断，缝份也会比较稳固。

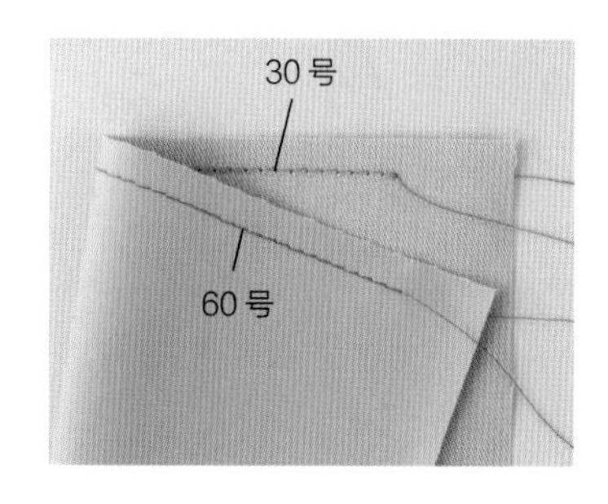

Q 为什么抽出来的碎褶不均匀？

A 越是制作尺寸较大的抽褶，越需要准确对照标记。请事先在需要缝缀的布料（及包边条）、抽褶的布料上均等地做好标记。

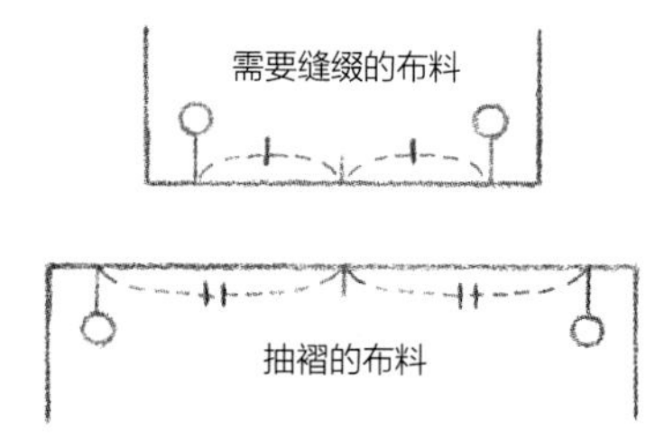

褶皱饺子包 →原大纸样 B 面

制作两个分别有褶裥和抽褶的等大饺子包。
在增加设计感的同时，容量也有所扩大。
褶皱的阴影也使包包的"表情"更加丰富。

左边是带褶裥的包包，右边是抽褶的包包，都是用单层布料制成的。可以放入手帕和手机等小物件，是一款方便携带的迷你小包。

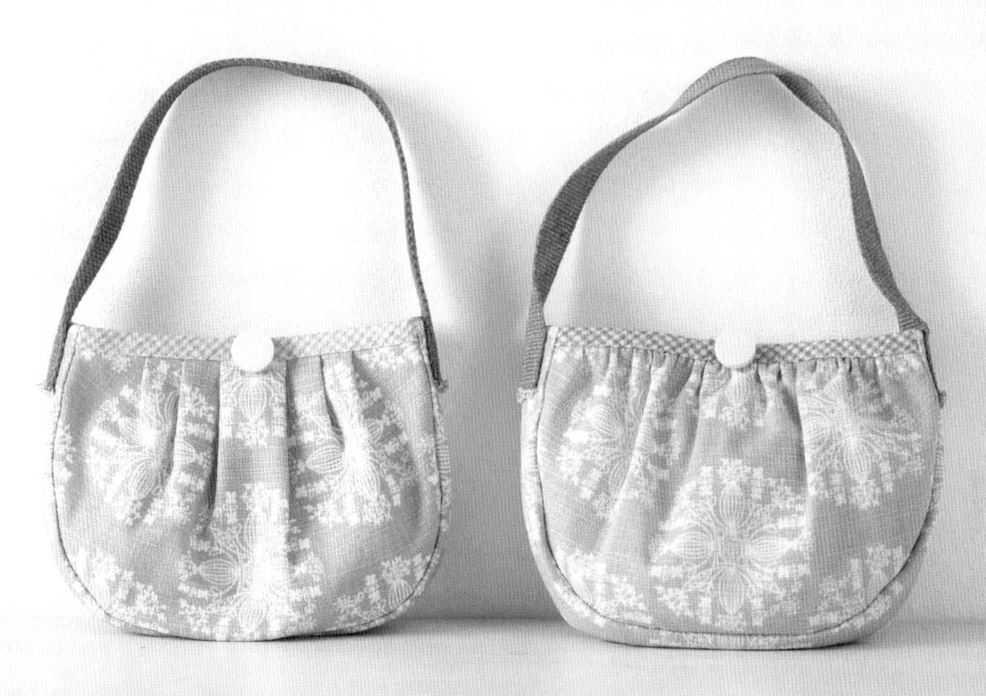

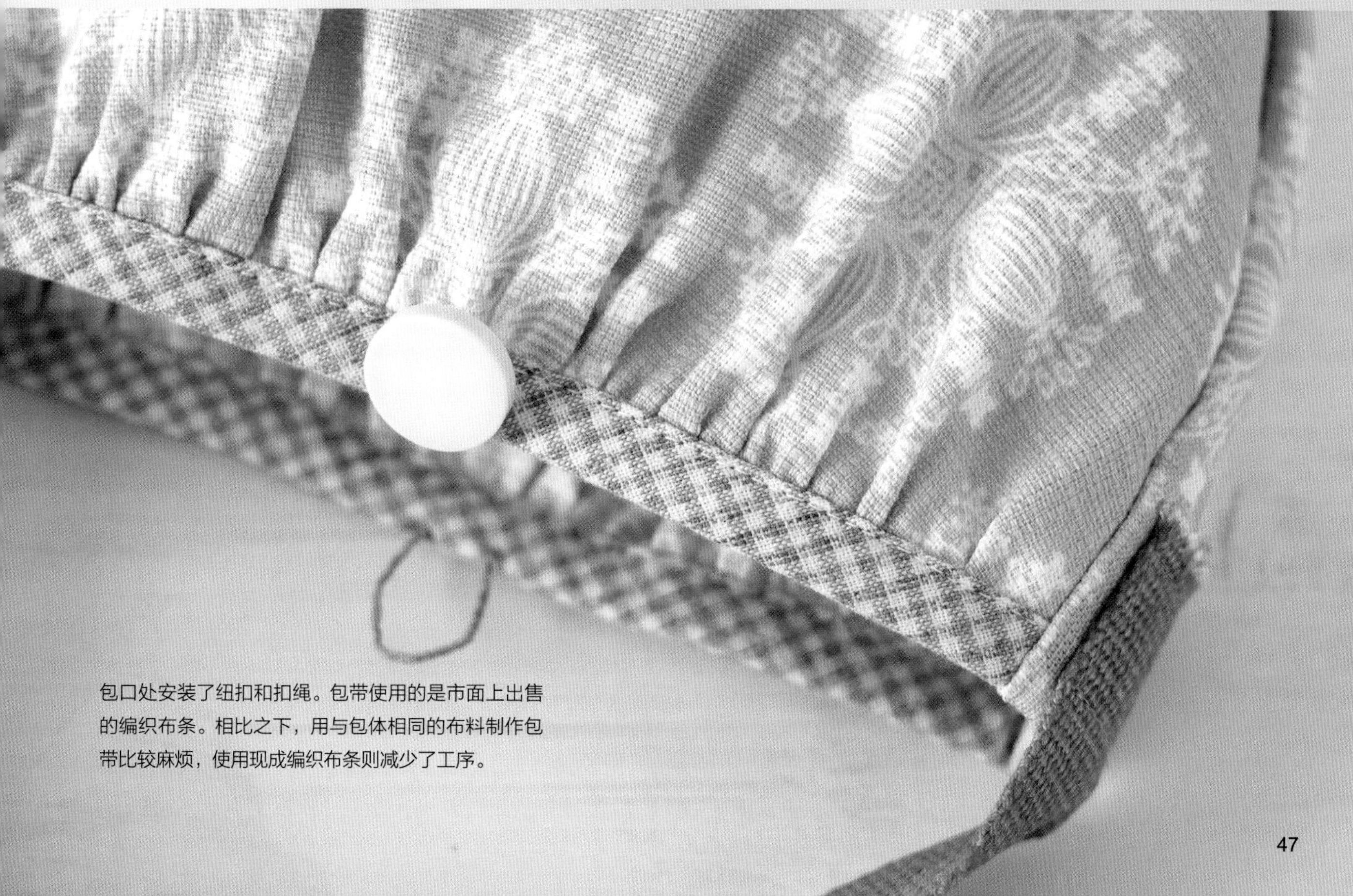

包口处安装了纽扣和扣绳。包带使用的是市面上出售的编织布条。相比之下，用与包体相同的布料制作包带比较麻烦，使用现成编织布条则减少了工序。

制作方法 * 为了便于读者理解，这里使用的布料、缝纫线的颜色与第 47 页成品不同。

材料（带褶裥和抽褶的包包相同）

表布 60cm×25cm
编织布条的提手带（宽 2.5cm） 40cm
包边条（包口用，宽 2cm，2 条） 35cm
包边条（缝份包边用，宽 12.7mm，2 条） 85cm
纽扣（直径 1.5cm） 1 个
防拉伸布条（宽 0.9cm） 35cm（只有制作抽褶包包时才需要）

成品尺寸

14cm×16cm（高 × 宽，不含提手带），厚 3.5cm

+ 制作要点

先选择褶裥或者抽褶的饺子包纸样。两者成品尺寸相同。制作方法上，只有制作褶皱的部分有所不同，后面的步骤全部一样。

剪裁图（单位：cm）

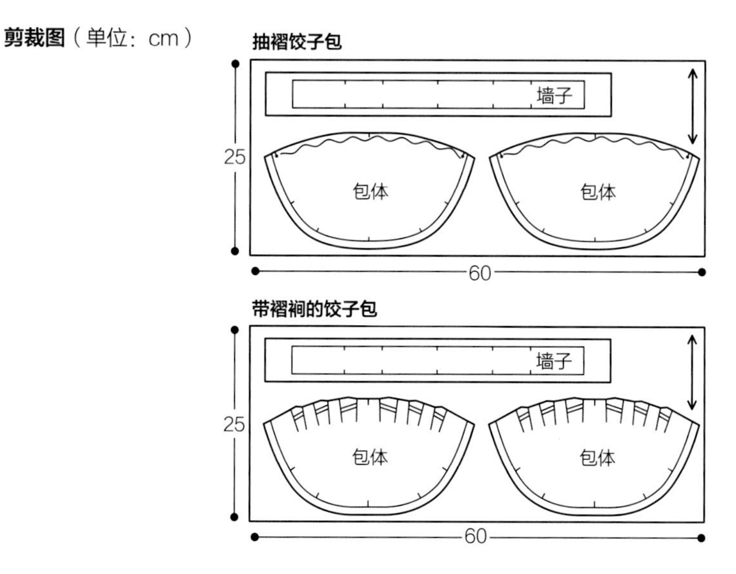

抽褶饺子包

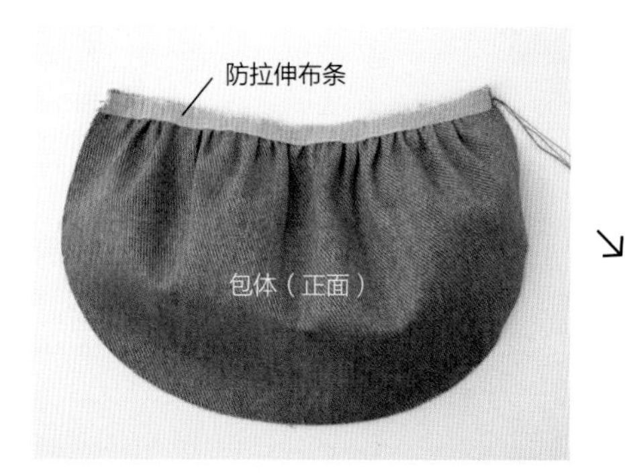

1 请参考第 46 页，在包口处做出褶皱，将包口缩至 15cm。用熨斗将缝份熨烫平整，并贴上防拉伸布条，固定缝份。

带褶裥的饺子包

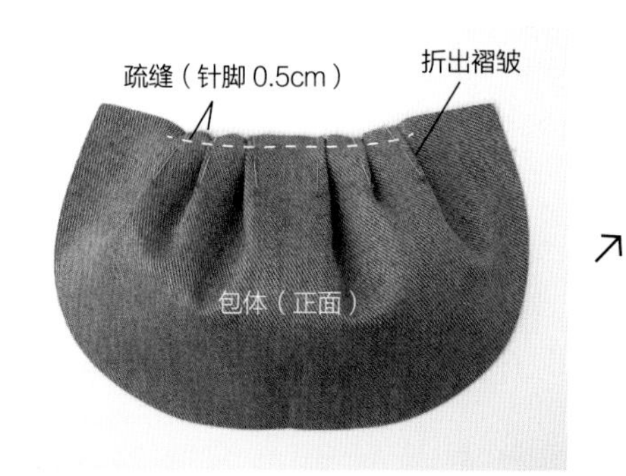

1 按照纸样标记（请参考第 44 页）折出褶裥，用珠针固定，疏缝缝份以固定。

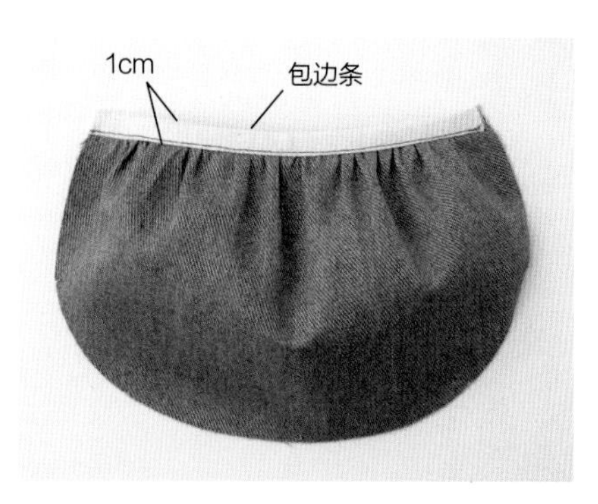

2 使用宽 2cm 的包边条为制作出褶皱的包口处包边（请参考第 43 页）。

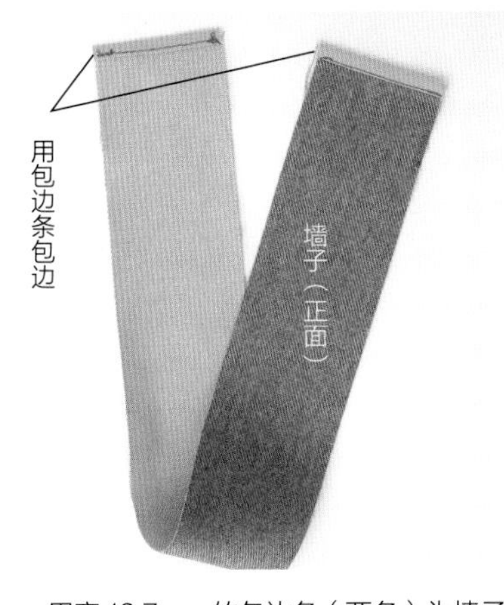

3 用宽 12.7mm 的包边条（两条）为墙子的包口部位包边（请参考第 43 页）。

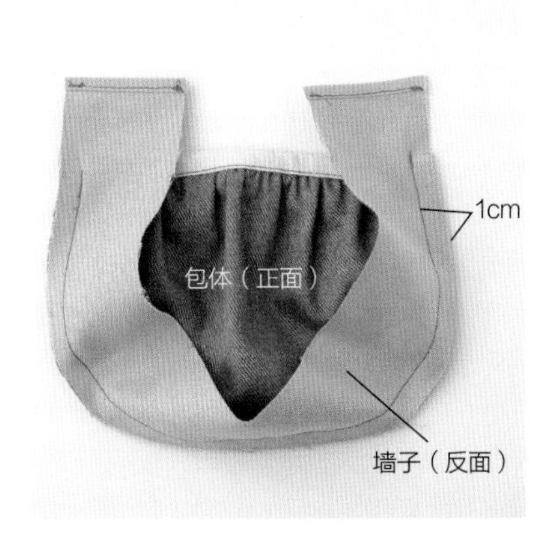

4 将包体与墙子正面相对缝合。

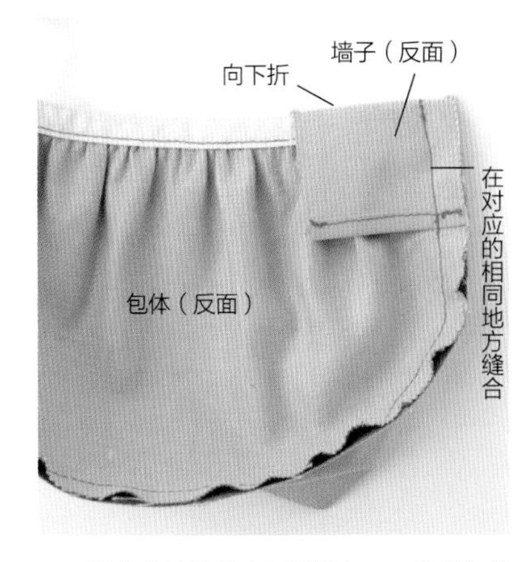

5 把多出的墙子向下折进包口，沿着与第 4 步中相同的线迹缝合。

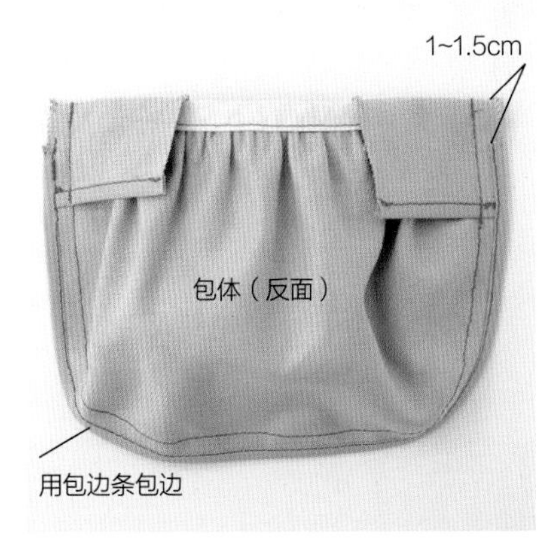

6 另一端多出的墙子也下折进包口缝合。用包边条为墙子与包体的缝份包边，使墙子上包口位置处的部分缝份可以隐藏起来。

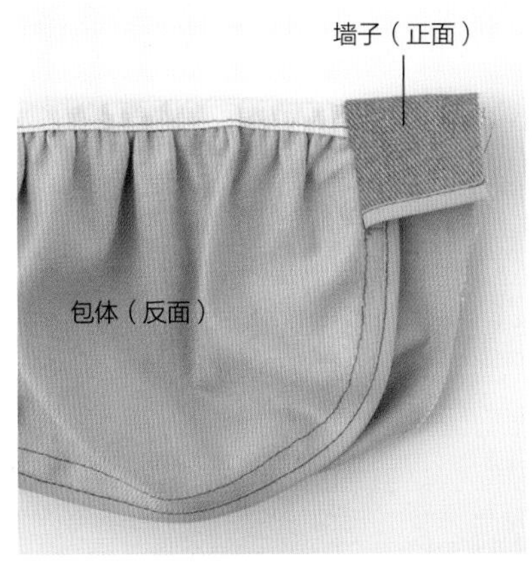

7 将墙子上端翻至正面。

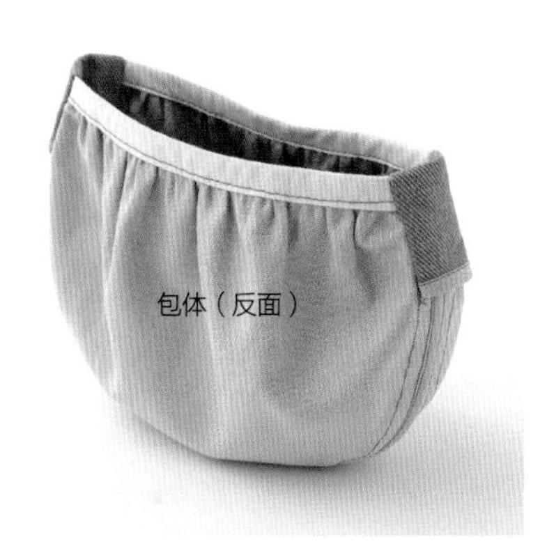

8 另一侧的包体与墙子也采用同样方法处理。

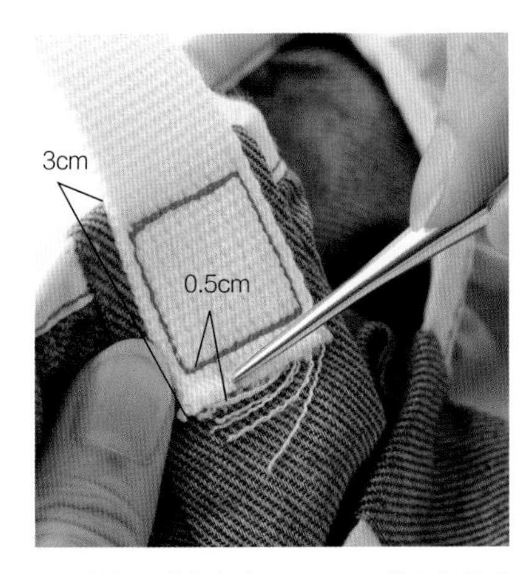

9 将提手带缝在墙子正面。用锥子将提手带边缘的纬线挑开。

10 包体部分完成。

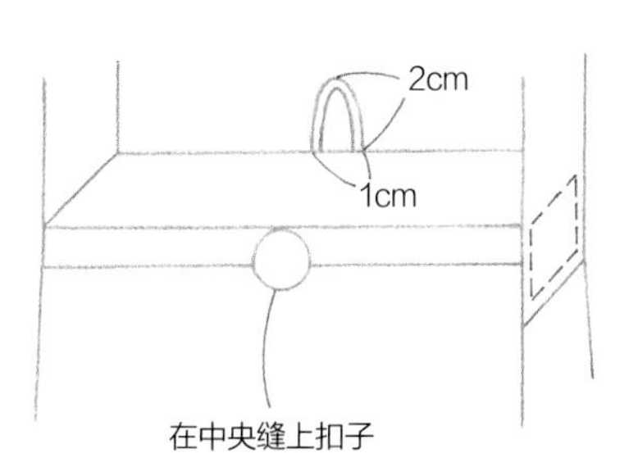

11 在包口中央缝上纽扣，并制作扣绳（请参考第 31 页）。

里布

当需要为表布加内衬或者单层布料不够结实的时候，一般会再加一层里布。
虽然无法露在外面，但里布发挥着非常关键的作用。
同时，里布也会成为使用包包时的乐趣之一。

首先，一起来挑选里布吧!

里布应当尽量避免使用容易勾丝的布料或者蕾丝等线较纤细的布料。
另外，选择里布时也要考虑与表布的搭配。

选择不同厚度的里布

里布厚度不同，视觉上的效果也会有所不同。这里对三种类型的棉布进行了比较。表布使用的是厚度中等的牛津布，没有内衬。

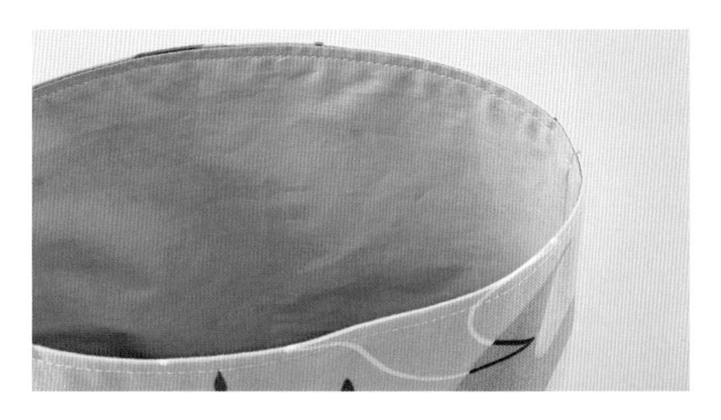

比表布薄的里布

使用密织平纹布做里布，起到了辅助表布的作用。如果表布上贴了内衬，则可选择更薄一些的里布。

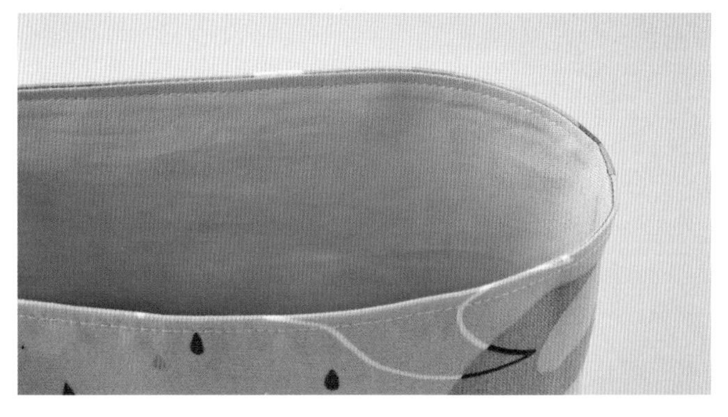

和表布厚度一致的里布

使用牛津布做里布。和表布布料一致，可以互相支撑。如果想要制作双面包，使用和表布相同的布料比较合适。

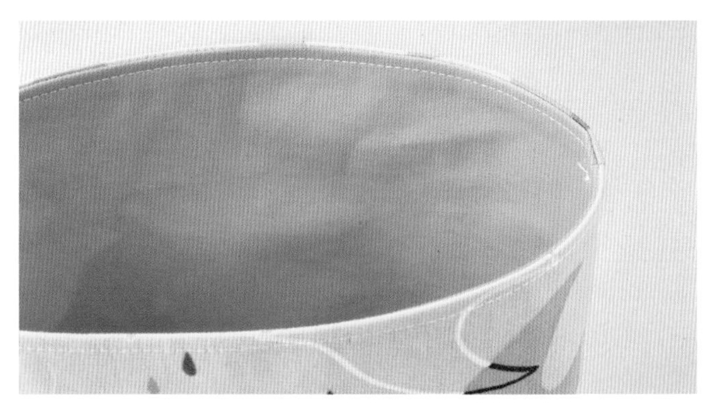

比表布厚的里布

使用 11 号帆布作为里布。里布可以支撑表布，保持包包形状。表布和里布都很有张力。

里布的安装方法一般分为两种。

里布的安装方法

分别制作表袋和里袋 type 1

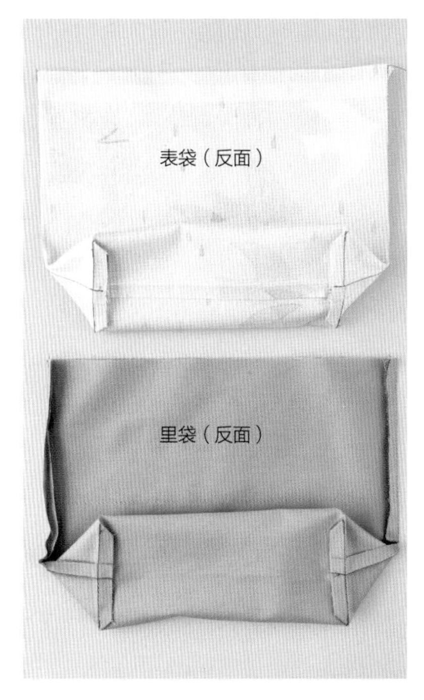

分别制作表袋和里袋，正面相对缝合，然后将其翻至正面。

↓

详情请参考第53页“带里布的托特包”

表布和里布一起缝 type 2

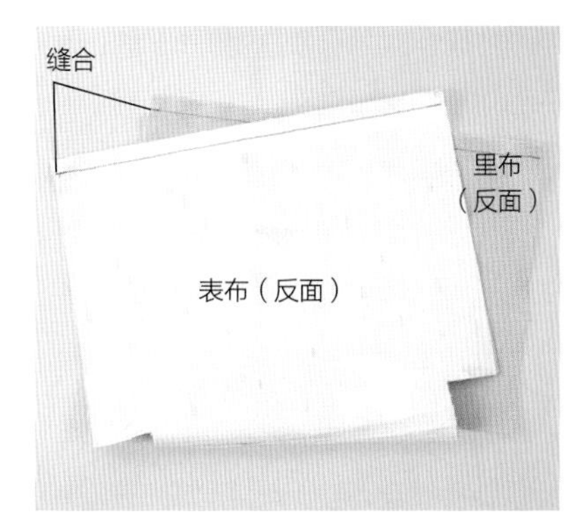

1 将表布和里布正面相对，缝合包口处。

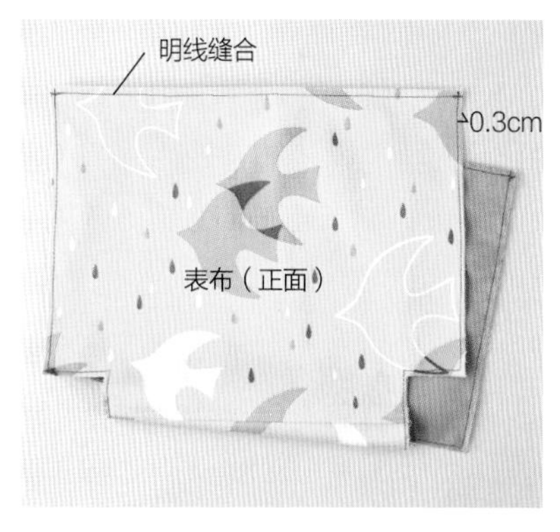

2 将其翻至正面，用熨斗将包口处熨烫平整，明线缝合边缘。再缝合剩余的两侧。

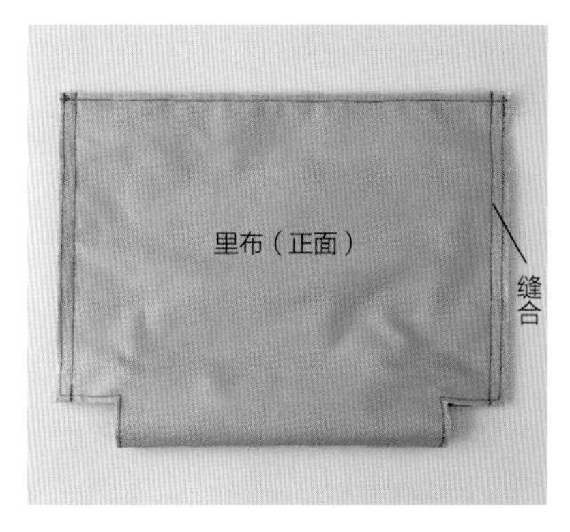

3 将表布正面相对，缝合两侧。

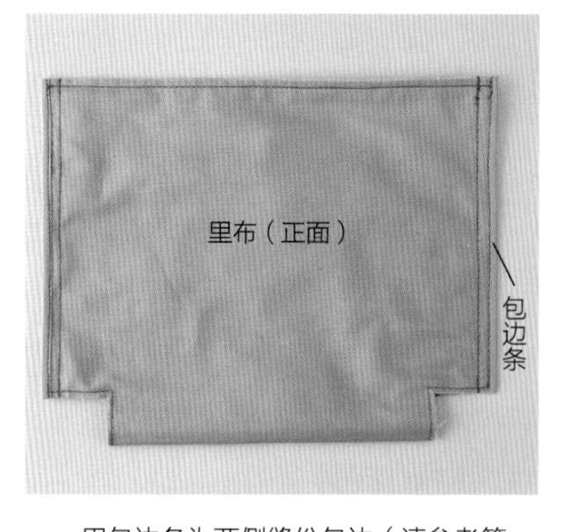

4 用包边条为两侧缝份包边（请参考第43页）。

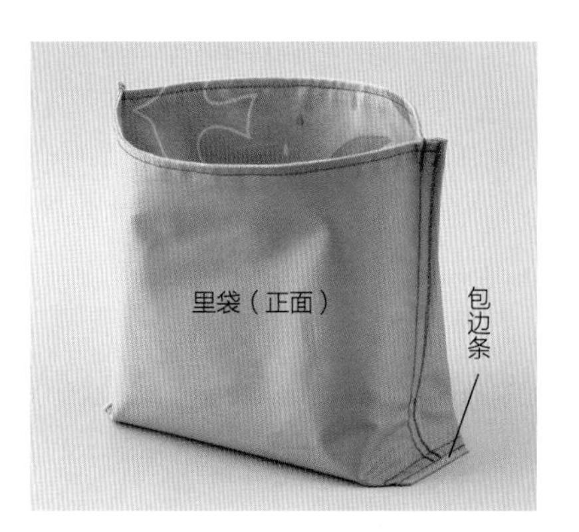

5 缝合包底两侧部分（请参考第18页），缝份同样用包边条包边。

Q | 里布需要套在表布里面，是否应该将里布做得小一点儿？

A | 一般情况下两者尺寸相同。如果里袋做小了，表袋也会缩进去，不够坚挺。制作前，表布和里布都应过水处理。如果不喜欢里袋松松地套在表袋里的样子，也可以选择第51页“表布和里布一起缝”的方法。

Type 1

安装好里袋后，会觉得里袋有些松，不过这是必要的。

Type 2

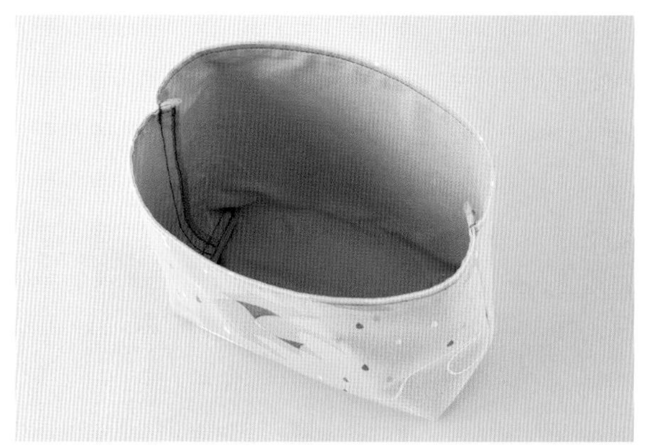

用包边条包边后制作出来的包会比较平整。

Q | 可以在里布上也贴黏合衬吗？

A | 如果不想在表布上贴黏合衬，或者表布上无法贴黏合衬，也可以将其贴在里布上。比较推荐的是加棉黏合衬，既不会影响表布，也能够坚挺直立。这样制作的包包看起来比较柔软蓬松。

Q | 如何完美地安装较厚的里布？

A | 使用帆布等较厚的材料作为里布时，里袋侧边的缝份如果倒向一边会使其厚度过大，因此需要使用熨斗将缝份劈开。将表袋和里袋翻至正面后，如果布料较薄则可使用立针缝，如果缝份已被劈开则可使用对针缝。

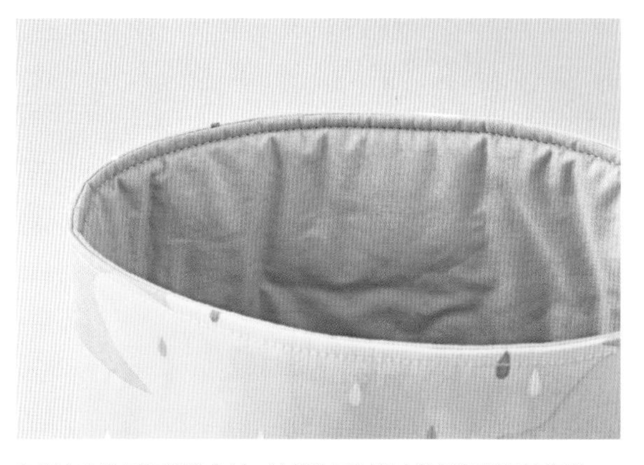

在里布上贴了加棉黏合衬。这样也可对包内物品起到保护作用。

立针缝

对针缝

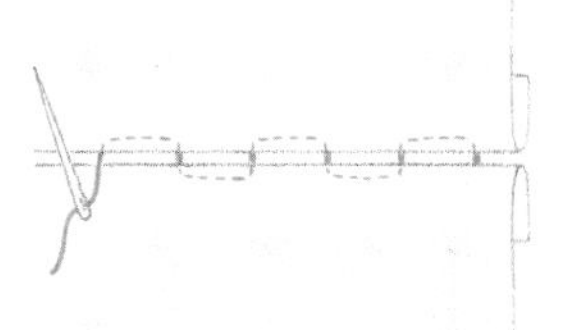

带里布的托特包 → 原大纸样 B 面

这是一款分别制作表袋和里袋的包包。
包底采用的是"抓角墙子"（请参考第 18 页），
包盖与提手带也是包包的装饰元素。

表布使用的是牛津布，贴了黏合衬加固，里布则使用了密织平纹布。

包包上安装了磁扣，并搭配了人造革的提手带，尺寸不大且非常精致。

制作方法

*为了便于读者理解，这里使用的布料、缝纫线的颜色与第 53 页成品不同。

材料

表布 65cm×30cm

里布 65cm×30cm

黏合衬（根据实际需要） 60cm×30cm

防拉伸布条（宽 0.9cm） 60cm

磁扣（直径 1.4cm，缝缀固定式） 1 个

装饰扣（直径 2cm） 1 个

市面上出售的成品提手带 1 对

成品尺寸

18cm×18cm（高 × 宽，不含提手带），厚 8cm

+制作要点

因为第 53 页的包包表布上的图案要保持方向一致，因此表布是裁成两片后逆向在包底处缝合的。如果表布图案不分上下，也可以使用一整块表布对折后做成表袋。这种情况可以使用里布的纸样制作表布。因为这款包包需分别制作表袋和里袋，所以为防止里袋在包包里不平整，可以在里布上做滴针[1]。

剪裁图（单位：cm）

表布

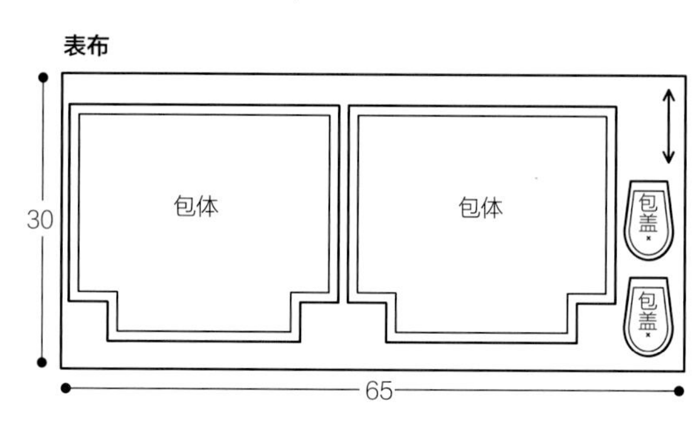

里布

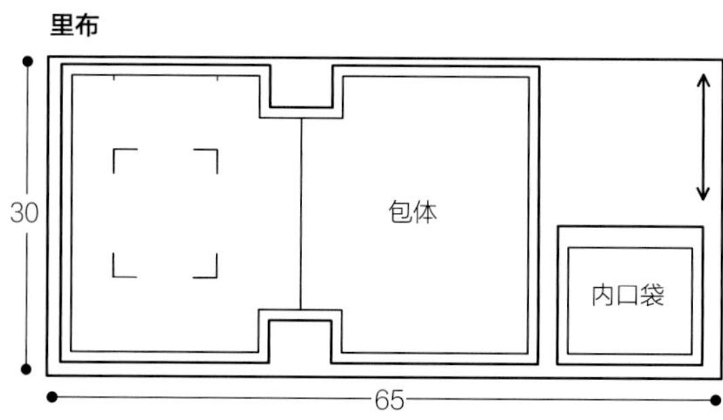

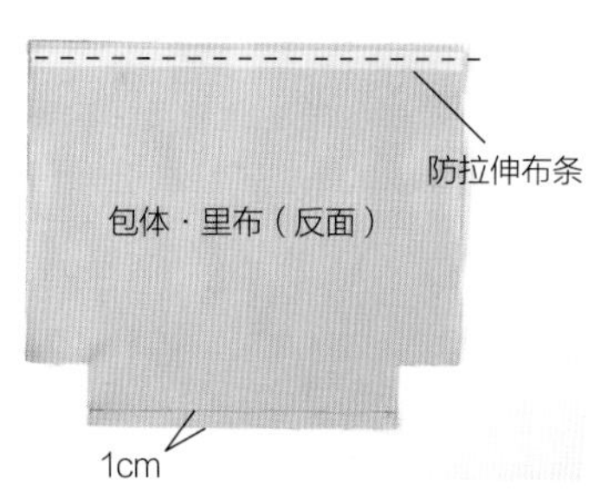

1 在表布包口处沿着成品线贴上防拉伸布条，然后将两块表布正面相对，缝合底部。

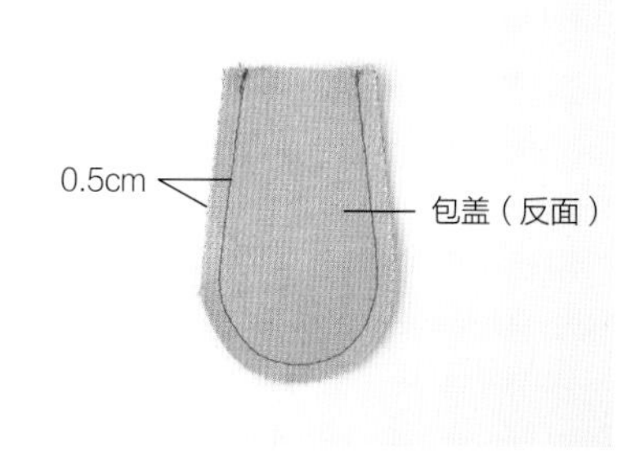

2 将两块包盖布正面相对缝合。

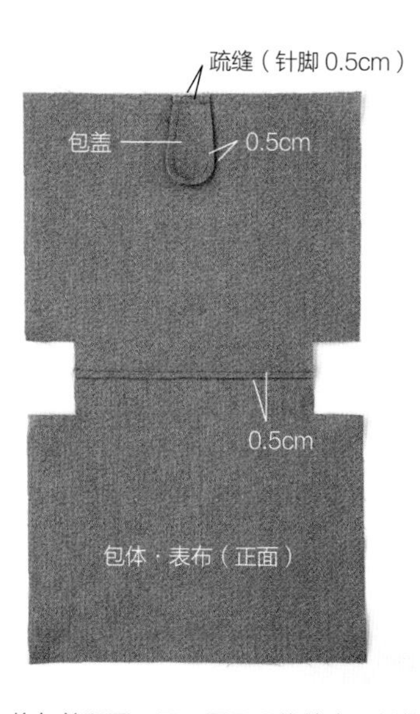

3 将包盖翻至正面，周围明线缝合，并简单固定在包口。包体表布中央的缝份用熨斗劈开，明线缝合。

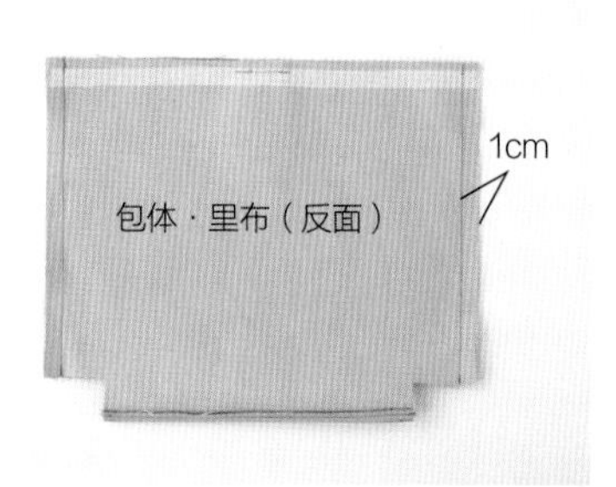

4 将包体表布正面相对，缝合两侧。缝份用熨斗劈开。

5 缝出包底。用熨斗将缝份倒向一边。

---

[1] 将里布上的某个点或某些点与表布上的相应位置固定在一起，即做滴针。

6 制作内口袋。将袋口处折两次，缝合。其余三边用熨斗折好缝份。将内口袋缝在里布上。

0.5cm
0.2cm
内口袋（正面）

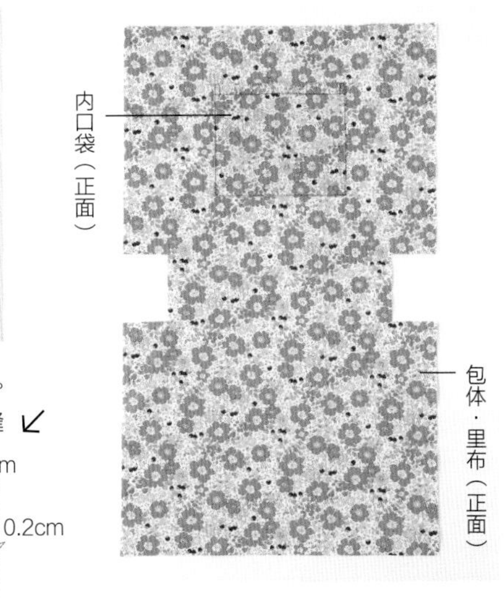

1cm
包体·里布（反面）
返口
折痕

7 将包体里布正面相对，缝合两侧，并在一侧留出返口。

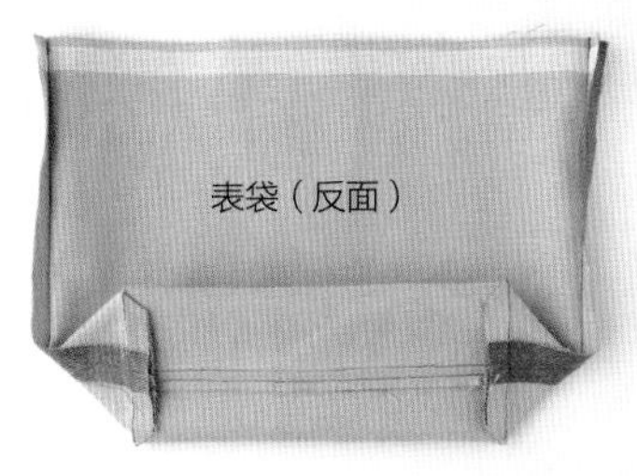

8 用熨斗将包体里布两侧的缝份倒向一边。像表布一样缝出包底，用熨斗将缝份倒向一边。

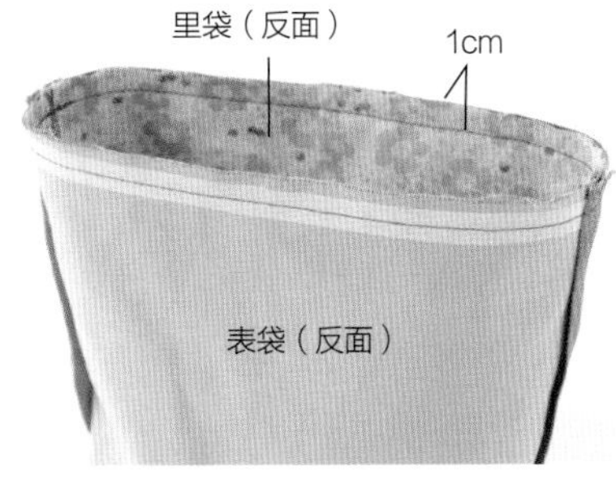

9 将表袋和里袋正面相对，缝合包口处。

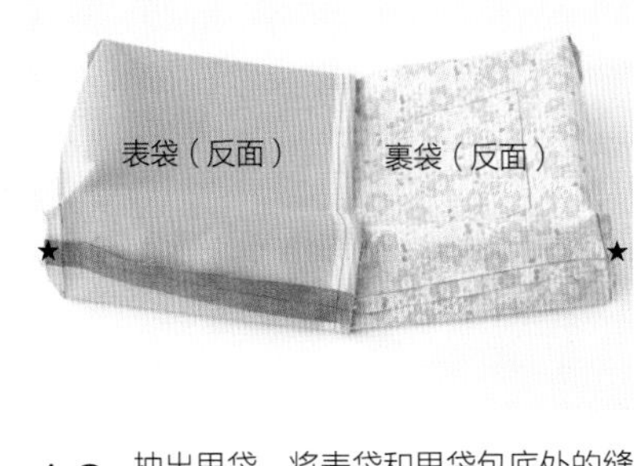

10 抽出里袋，将表袋和里袋包底处的缝份（★）对齐后做滴针缝合。

11 缝合对应的缝份。

12 另一侧也采用相同方法处理。

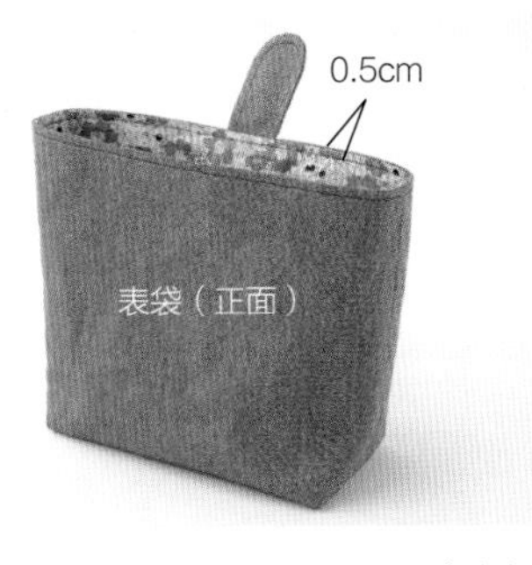

13 从里袋的返口将其翻至正面（请参考第 10 页），在包口处明线缝合。

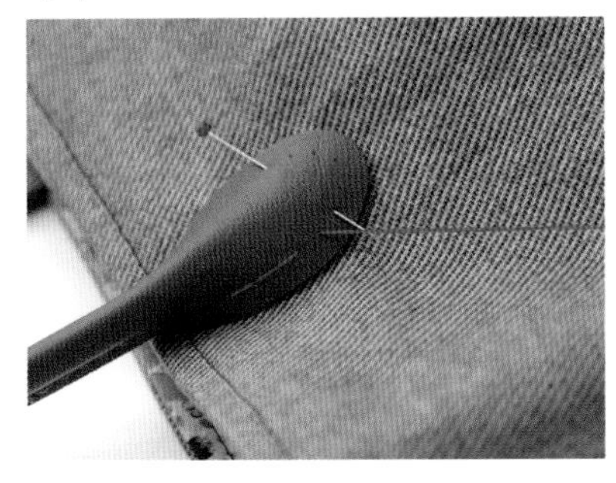

14 安装磁扣（请参考第30页）与装饰扣，并用回针缝方法安装提手带。

回针缝

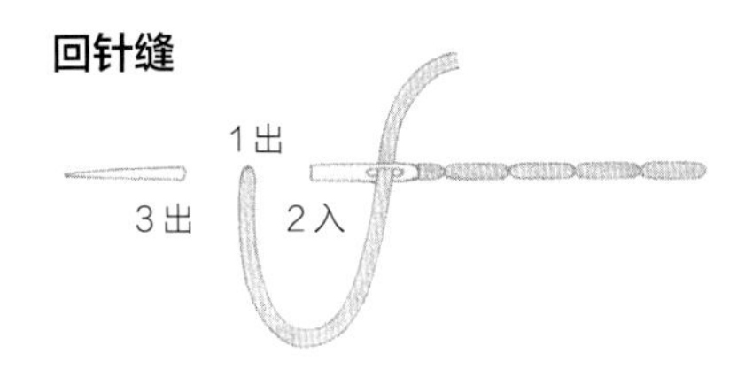

五金件

被称作“× × 环”的五金件可以使手工包更像一件完美的成品，也提高了包包的实用性。

一起来学习五金件的种类和特征吧!

D 字环

使用频率最高的五金件，可挂上挂钩。正如其名，这种五金件为 D 字形。

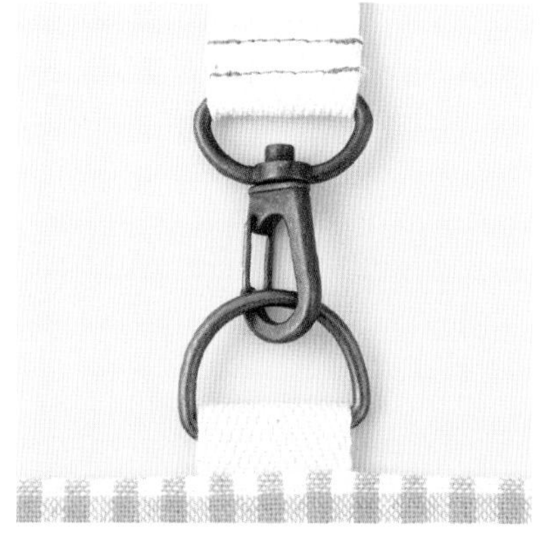

可随时取下的包包肩带或提手带的一部分，与挂钩挂在一起，通过穿上布带与包体相连。

两个 D 字环可形成像腰带一样的锁扣。

方形环

常与调节环搭配使用。
根据长宽尺寸不同，有多种类型，可以根据包带厚度及外观随意选择。

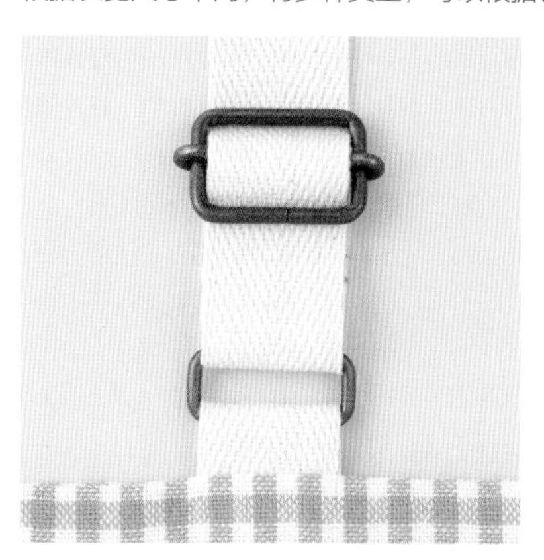

利用调节环调节包带长度时，为帮助包带移动，需要使用方形环。其与 D 字环相同，通过穿上布带与包体相连。

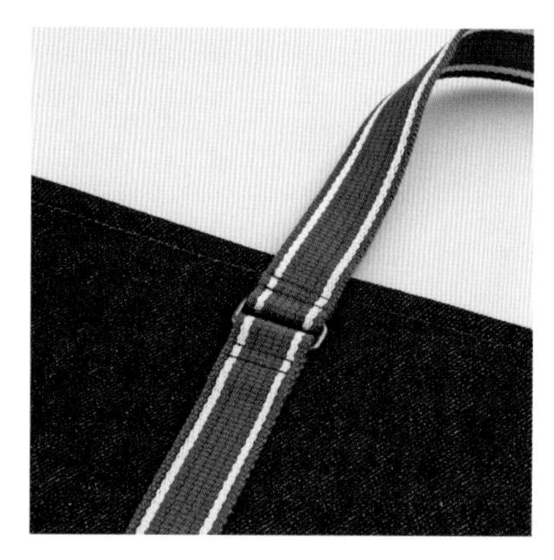

作为连接包带的一部分，同时提升了设计感。

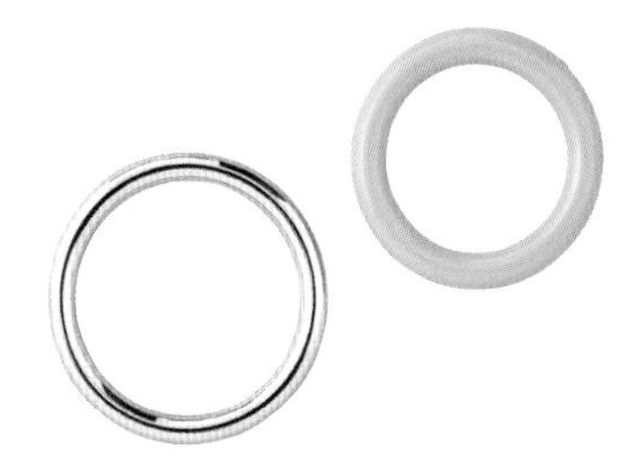

圆形环

与 D 字环和方形环用途基本一致，因为样子比较有特点，所以也可以成为装点包包的元素。不同厚度的包带搭配圆形环有着不同效果。

与 D 字环相同，可与挂钩挂在一起，通过穿上布带与包体相连。

作为连接包带的一部分，同时提升了设计感。

两个圆形环可形成像腰带一样的锁扣。

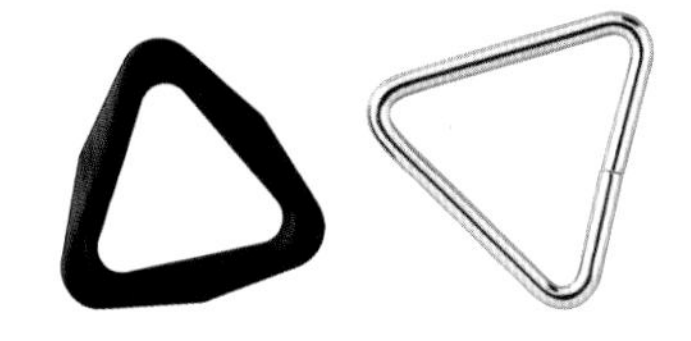

三角环

因为有角，所以挂东西的时候会比较稳固。是一种方便使用的五金件。

在三角环内穿入三条布带，固定其中一条，便成了双肩包的肩带。

与 D 字环和圆形环相同，也可与挂钩挂在一起。

还可用于挂钥匙链及挂饰。

调节环

可调节带子长短的五金件，也被称为移动环。

挎包肩带的制作方法 *为了便于读者理解，这里制作的肩带较短。

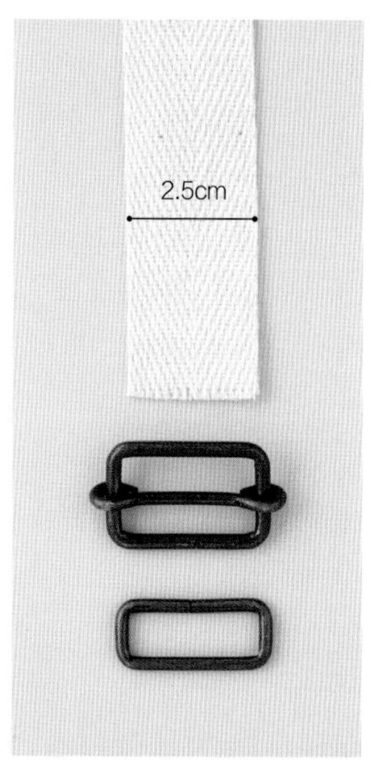

1 假设肩带宽2.5cm，那么选择环内部长2.5cm的方形环和调节环。

2 将布带一段穿过调节环，同时保证其正面露在外面。

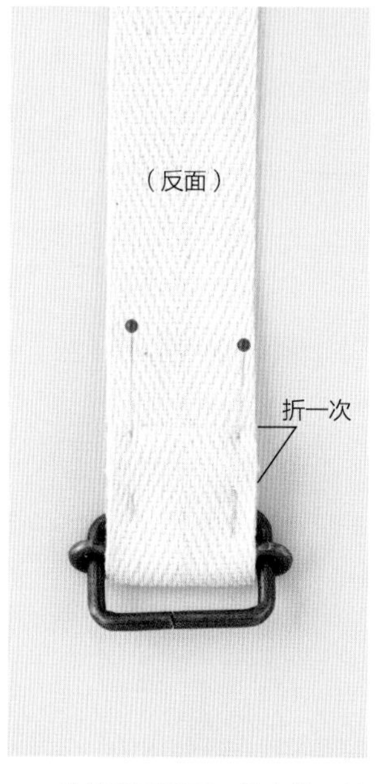

3 将其翻到反面，将布带一端向内折约1cm。

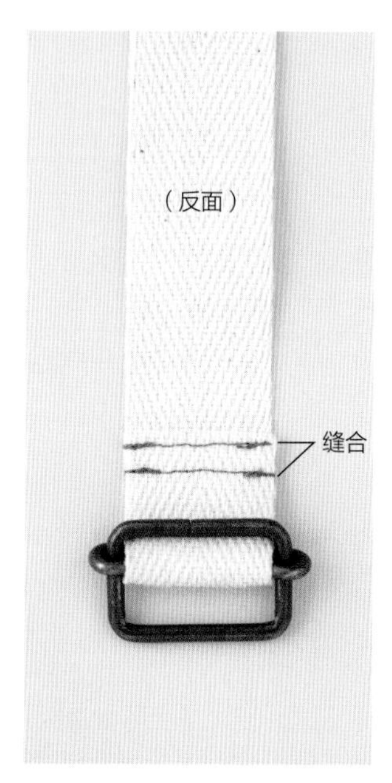

4 缝合。

5 布带另一端穿过方形环。

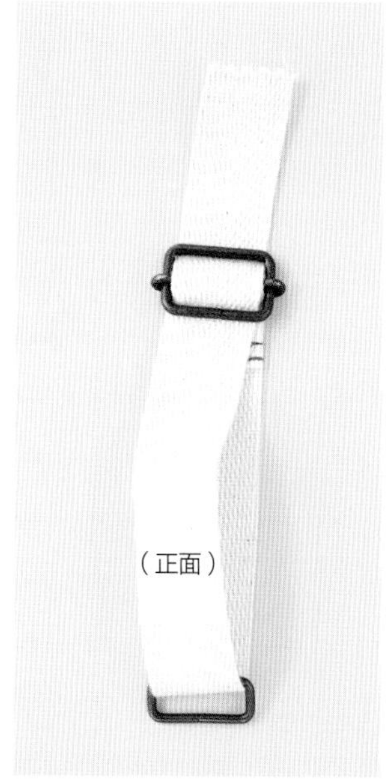

6 然后再穿过调节环。

7 将固定肩带用的布带穿过方形环，然后将肩带两端缝在包体上。

挂钩

钩形五金件，可打开挂在 D 字环或圆形环上。挂钩也有着各种尺寸和形状。

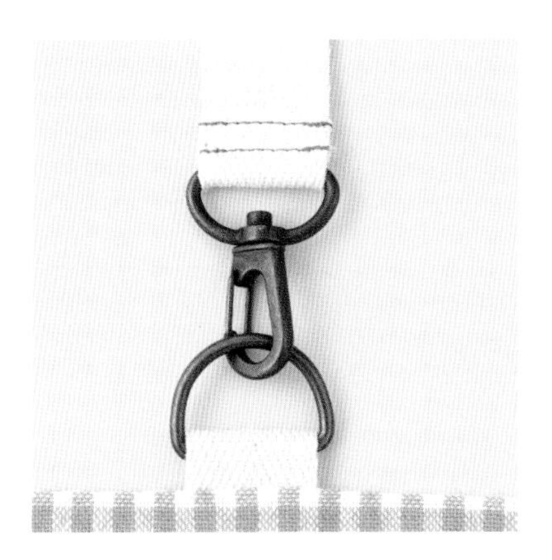

可将挂钩置于布带两端，做可摘取的挎包肩带。挂钩可以挂在 D 字环上，也可以挂在用绳子或布条做成的圈上。

小号挂钩，一侧穿入细布带或绳子，可用在小提手带或包中的钥匙扣上。

不同材质和颜色的挂钩

金属也分为不同颜色。根据需要搭配的布料及包的整体风格选择合适颜色的挂钩。此外，市面上也有塑料材质的挂钩，形状与金属挂钩完全相同，常用于儿童用品。这种塑料挂钩很适合与尼龙布或防水布搭配在一起。颜色素雅的塑料挂钩也可用于成人包包。

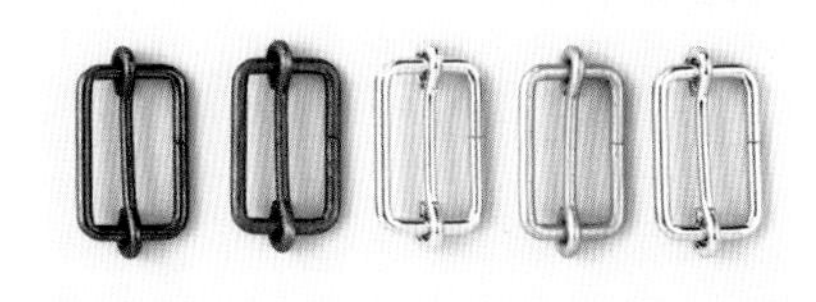

自左向右：黑镍材质、古铜色、金色、亚光银、镍材质（银色）。

Q 挂钩连接任何五金件都可以吗？

D 字环、圆形环、三角环都可以使用，可随意挑选。方形环与挂钩连接在一起的时候不是很稳固，所以不推荐。只要挂钩能挂上，选择比挂钩小的金属环也是可以的。

用了一段时间后，D 字环发生了偏移，怎么办？

如果穿入的布带比 D 字环窄，那么 D 字环很容易会发生位置偏移。另外，如果穿过金属环形成环形的布带过长，也会使 D 字环发生偏移，因此应在 D 字环附近缝合固定。如果操作中缝纫机压脚与五金件发生磕碰，可以换成安装拉链时所使用的拉链压脚。

布带比 D 字环窄，D 字环很容易会发生位置偏移。要尽量选择宽度与 D 字环内径相同的布带。

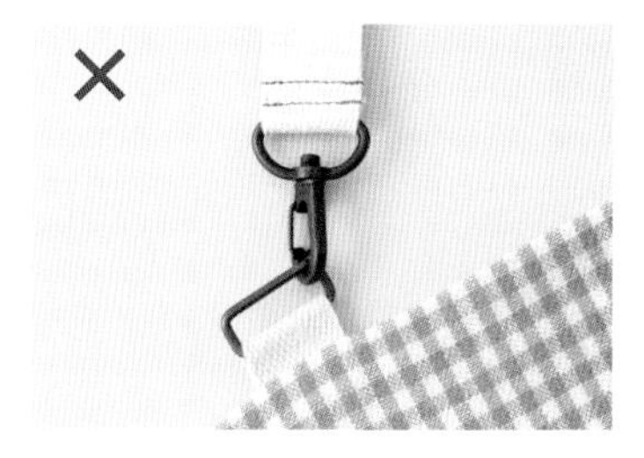

方形环因为有角，所以挂上挂钩后不太稳固，会使包包倾斜。

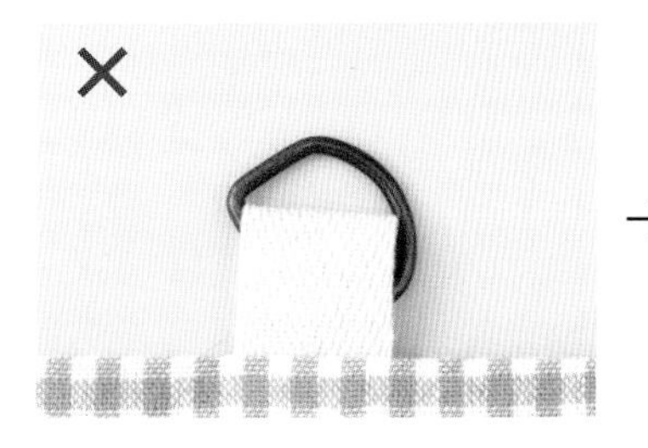

布带较长，形成的环过大，也会使 D 字环发生偏移。

→

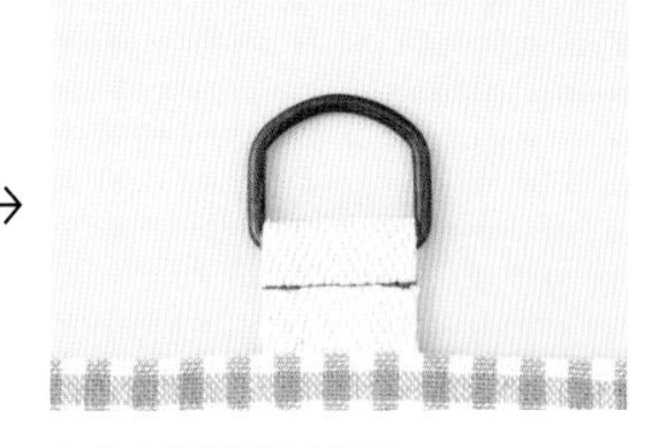

在 D 字环附近缝合固定。

挎包 →原大纸样 B 面

这款挎包肩带上使用了调节环和方形环，
没有墙子，是一款比较平的包包。
可通过调整肩带的长度，
选择单肩背或斜跨背。

表布选择的是较厚的棉布，里布是比表布薄一点儿的棉布。包带与拉链选择了相同的颜色，给人以雅致的感觉。

包的口袋内还安装了一条带子，上面带有一个挂钩，可以挂上钥匙等重要物品放入口袋中。

制作方法 *为了便于读者理解，这里使用的布料、缝纫线的颜色与第 60 页成品不同。

材料

表布 85cm×30cm
里布 60cm×45cm
拉链（长 20cm） 1条
罗缎布带（宽 0.6cm） 30cm
编织布带（宽 2.5cm） 1.3m
调节环（宽 2.5cm） 1个
方形环（宽 2.5cm） 1个
挂钩（宽 0.7cm） 1个

成品尺寸

31cm×23cm（高 × 宽，不含肩带）

+ 制作要点

将表布和里布缝在一起时，不需要做滴针。

剪裁图（单位：cm）

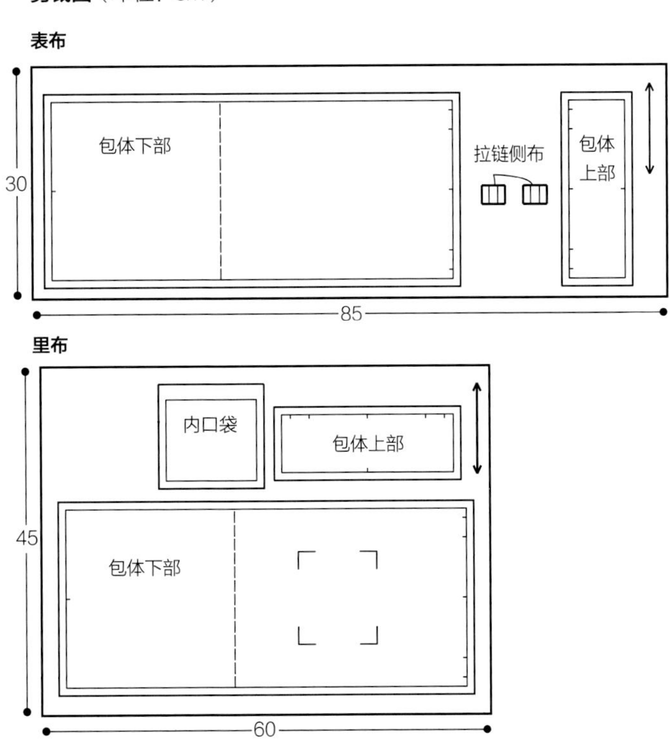

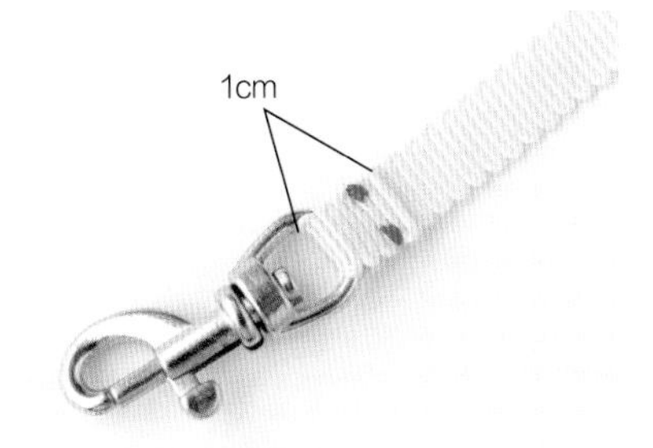

1 将挂钩挂在罗缎布带一端，然后将布带末端折两次，依次折0.5cm、1cm的长度，然后手缝固定。

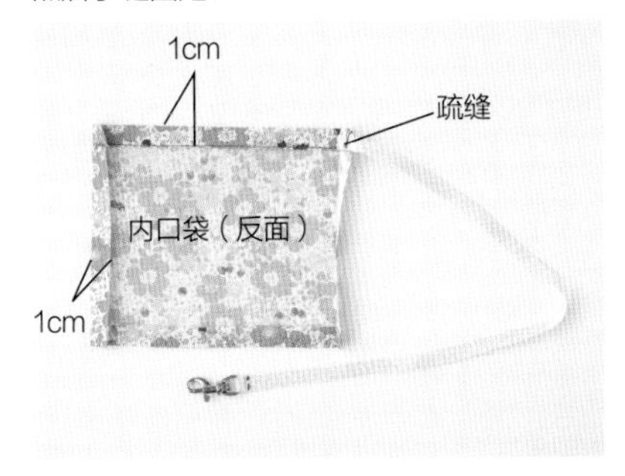

2 将内口袋的袋口处折两次，再折好剩余三边的缝份，用熨斗熨烫平整。将罗缎布带的另一端疏缝固定在口袋上。

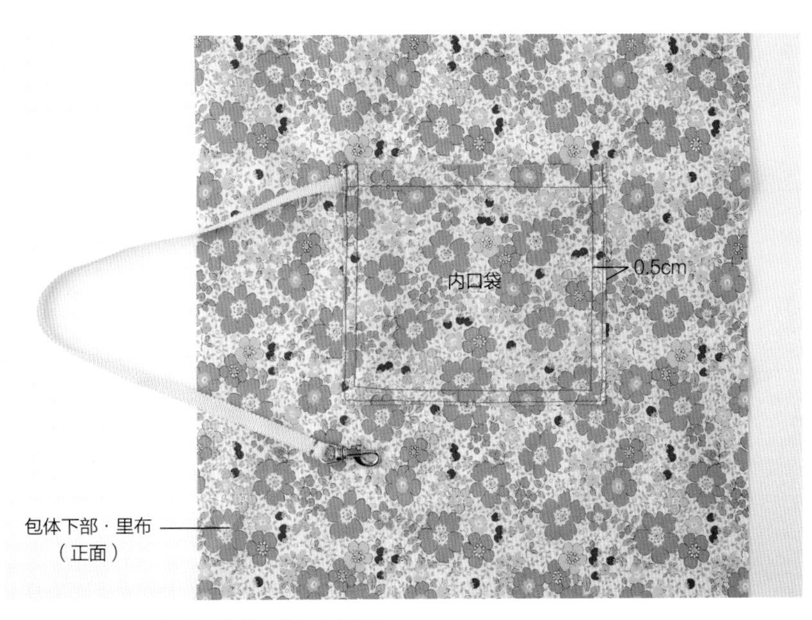

3 将内口袋缝在包体下部的里布相应位置上。

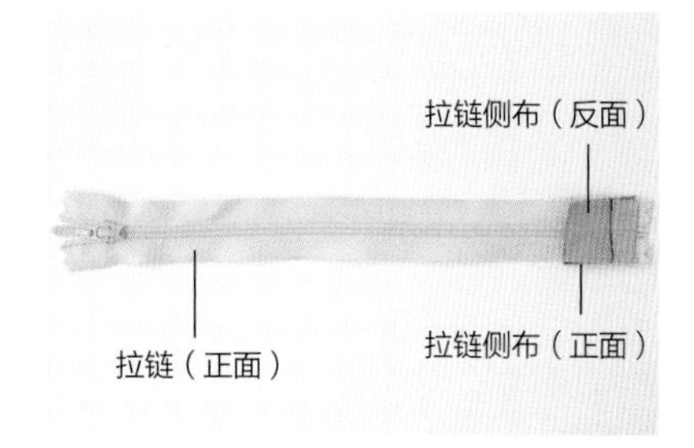

4 将两块拉链侧布正面相对，夹住拉链一端缝合。

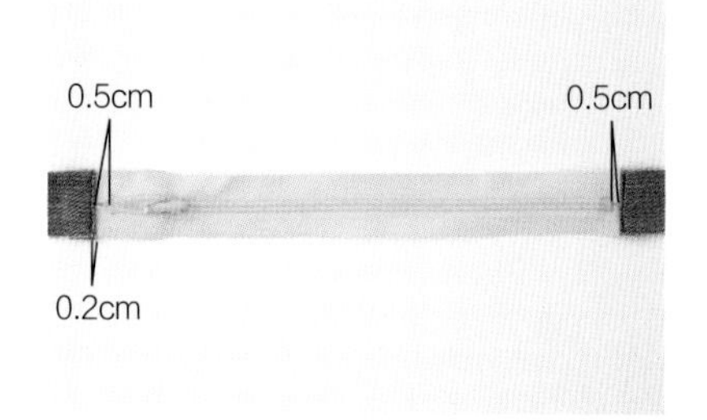

5 将两块拉链侧布翻至正面，明线缝合（见图中红色线迹）。另一端也采用相同方法处理。

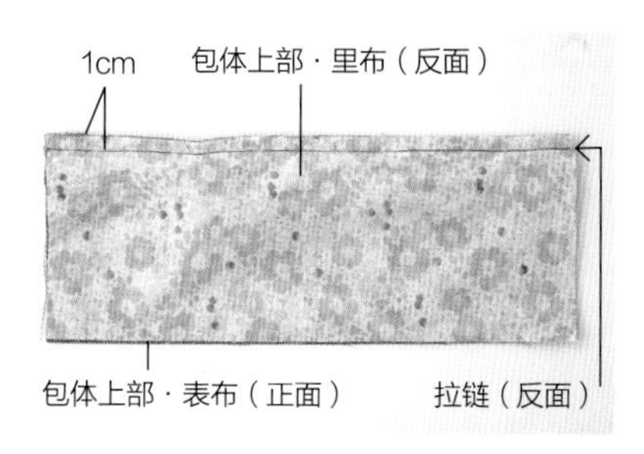

6 将包体上部的表布与拉链正面相对放置（拉链压在表布上），再将包体上部的里布和表布正面相对，缝合三者。

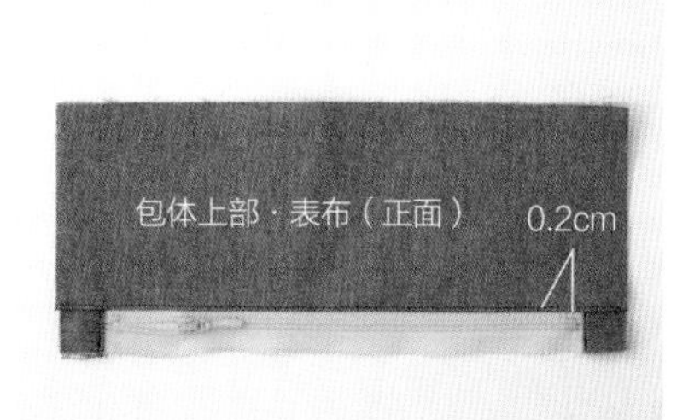

7 将包体上部的表布和包体上部的里布翻至正面，用熨斗熨烫平整，明线缝合。

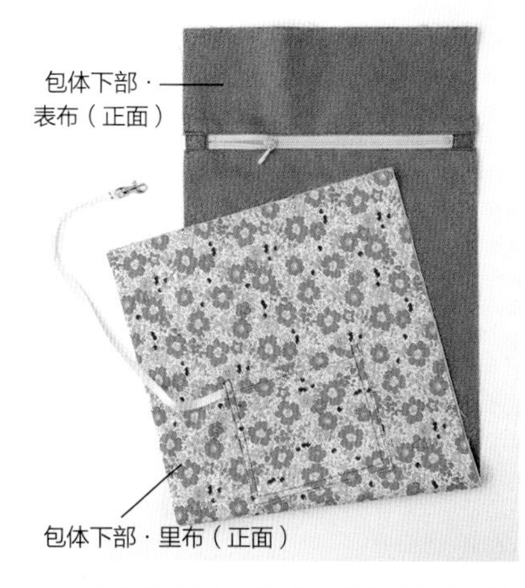

8 采用相同方法将包体下部的表布和里布与拉链缝合。

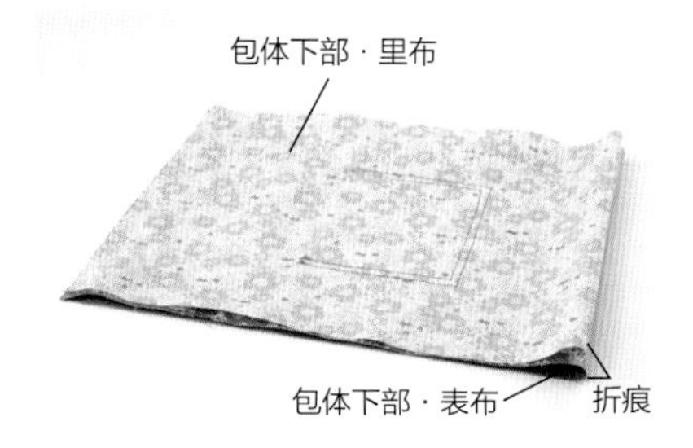

9 将表布和里布分别折成正面相对。

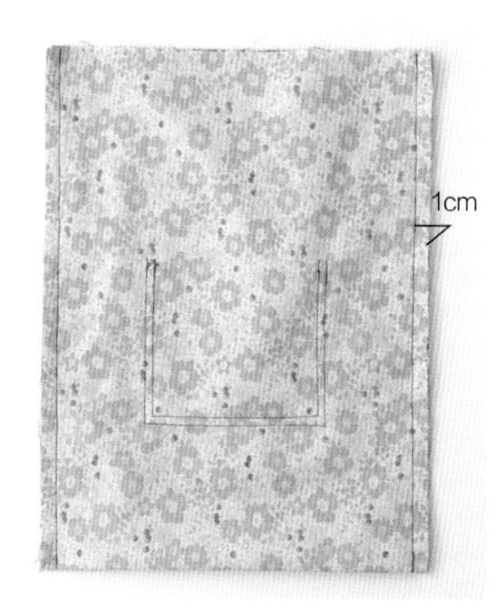

10 缝合两侧，将 4 层布料缝在一起。

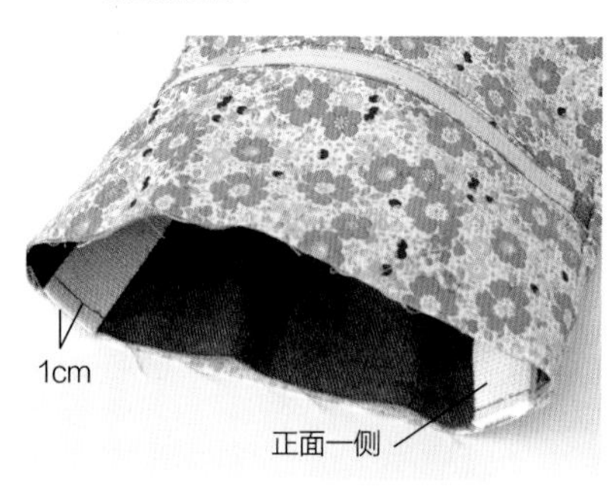

11 翻至正面，先使里布在外。请参考第 58 页，将编织布带穿过调节环和方形环制作挎包肩带，然后将肩带两端疏缝固定在表布一侧。进行这一步骤时，要特别注意调节环的正反方向。

12 将 4 层布料上边缘一同缝合。将拉链打开。

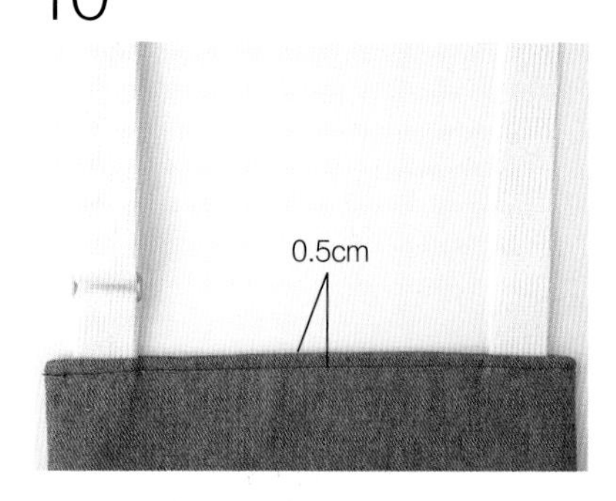

13 通过拉链开口将包体翻至正面，在包体上端明线缝合。

金属气眼与铆钉

金属气眼和铆钉需要使用锤子安装在包包上。
它们虽然很小，但却可以让包包看起来更加正式，是非常重要的零件。

一起来学习金属气眼和铆钉的用途吧!

金属气眼

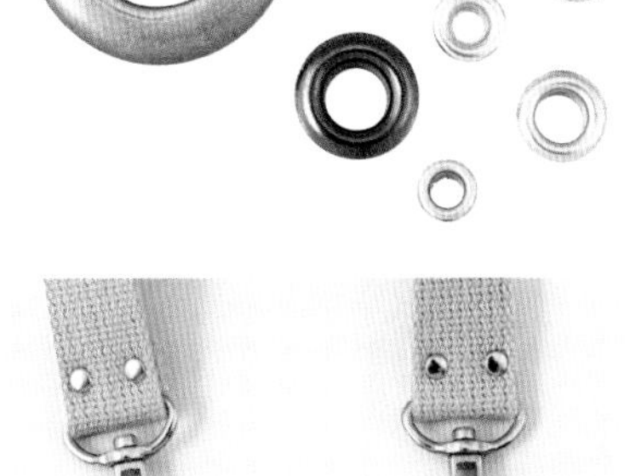

环状五金件，可以穿入线和绳等。
金属气眼有多种尺寸，既有穿入鞋带的小金属气眼，也有可穿入粗绳的大金属气眼。
一般使用锤子敲打安装。大金属气眼中也有那种用两块金属片夹住布料即可嵌入的简易安装型。

用于穿入用作提手带的绳子，也可用于穿入围裙挂绳等。

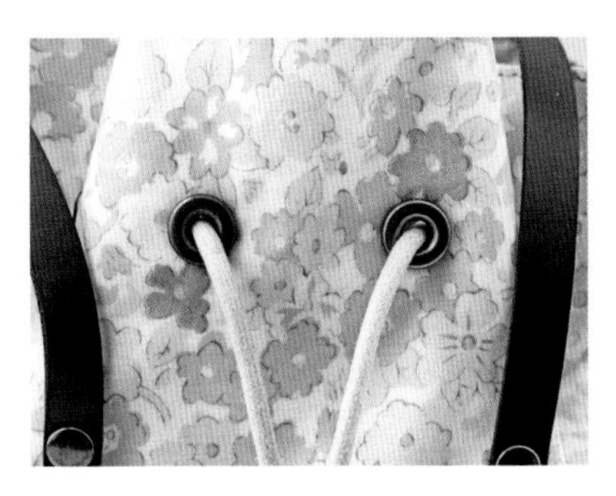

用于穿入荷包式包包的抽绳。

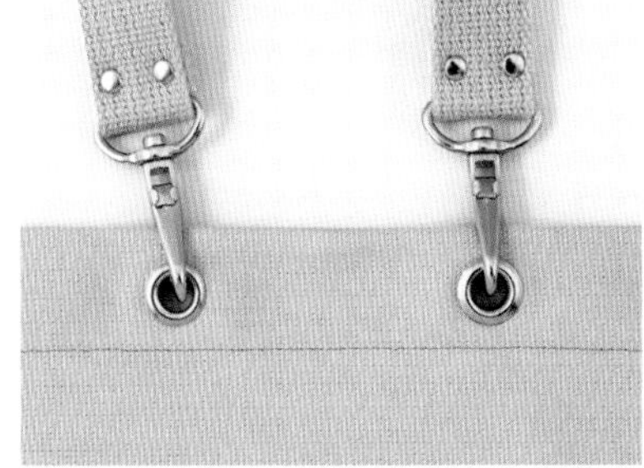

挂上挂钩，连接可调节的提手带。

铆钉

与金属气眼的不同之处是没有孔眼，是一种形似蘑菇的五金件，通过从正反面夹住布料固定。
即使是皮革或牛仔布等难以用针缝的较厚布料也可使用铆钉进行定点固定。
铆钉有多种颜色，可用于装饰。

穿透难以机缝的人造革，用于固定提手带。

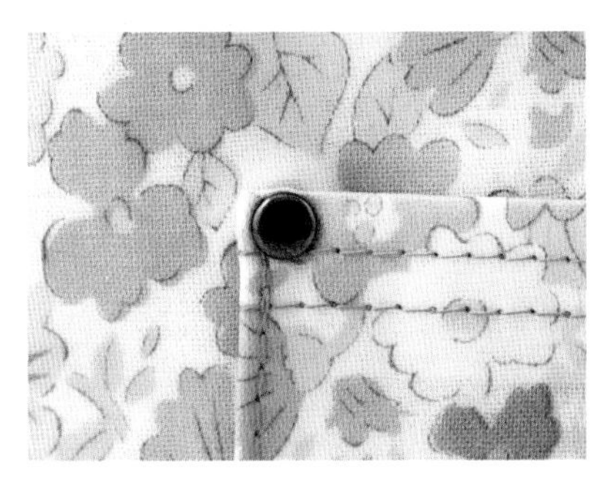

用在开口处，加固口袋，同时也是装饰。

较厚的编织布带通常也难以用针缝。使用铆钉也起到了装饰作用。

必需物品

制作时，只有金属气眼和铆针是无法完成安装的，还需要一些必备工具。
目前市面上出售有各种尺寸的金属气眼和铆针，并附带冲子及底座（安装工具）。作为初学者，可以买一组这样的套装。

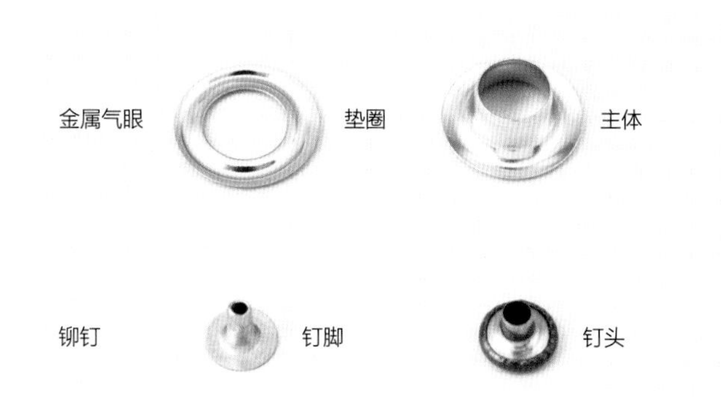

金属气眼 / 铆钉

一个金属气眼由一个垫圈和一个主体构成。铆钉则由露在正面的钉头和钉脚构成。有的铆钉两面均为钉头。

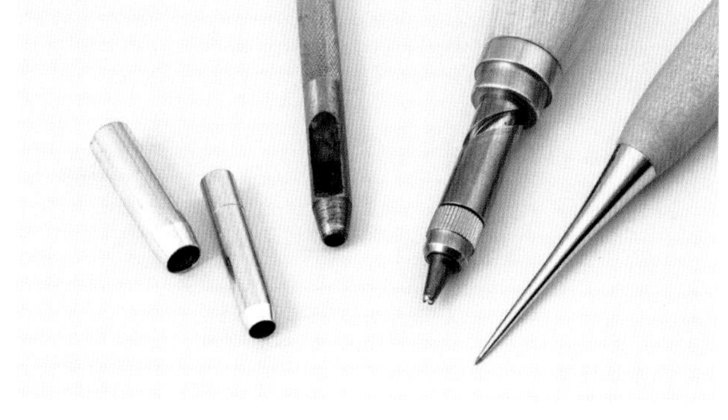

打孔工具

自左向右分别为成套的圆冲（2 个）、另外单买的圆冲、螺旋打孔器、锥子。小的铆钉可以使用锥子安装。

冲子及底座

安装时，一般将铆钉置于底座上，用锤子或木锤敲打冲子。图片左边为铆钉用的铆钉冲，右边为金属气眼用气眼冲。

垫板

图中为打孔及敲打时使用的塑料板（左）和橡胶板（右）。将垫板放在地板上比放在桌子上更加稳固。

任何布料都可以安装金属气眼和铆钉吗?

一般情况下，较薄布料不适合安装金属气眼和铆钉。此外，针织布或无纺布等具有伸缩性的布料打孔后孔会变大，安装的五金件容易脱落，因此不适合直接安装。如果想在这样的布料上安装金属气眼或铆钉，可以先在布料反面贴上黏合衬，使其不易伸缩，然后再打孔安装。

一起来学习安装金属气眼吧!

金属气眼的安装方法

※ 这里使用的是金属气眼附带的气眼冲和底座。每种商品的工具及安装方法有所不同，请依照说明书进行安装。

1 将打孔用的圆冲置于布料上想要安装金属气眼的位置，用木锤敲打。

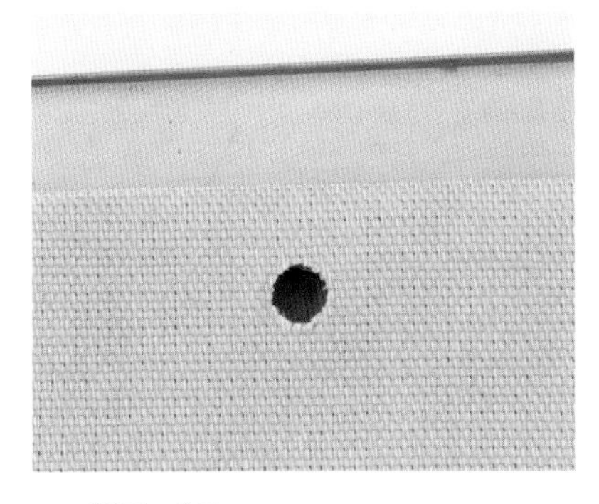

2 开了一个孔。

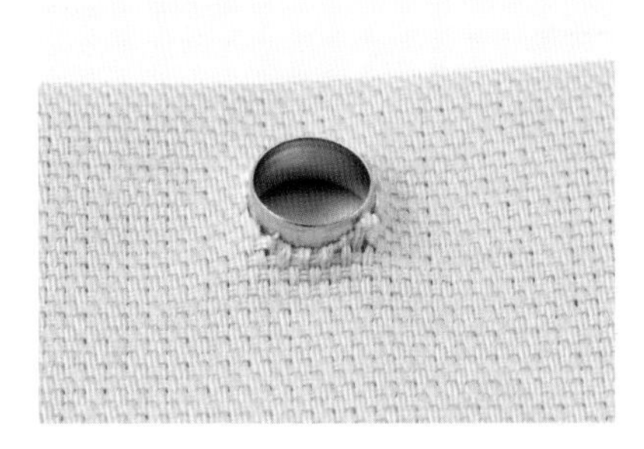

3 嵌入金属气眼的主体部分。

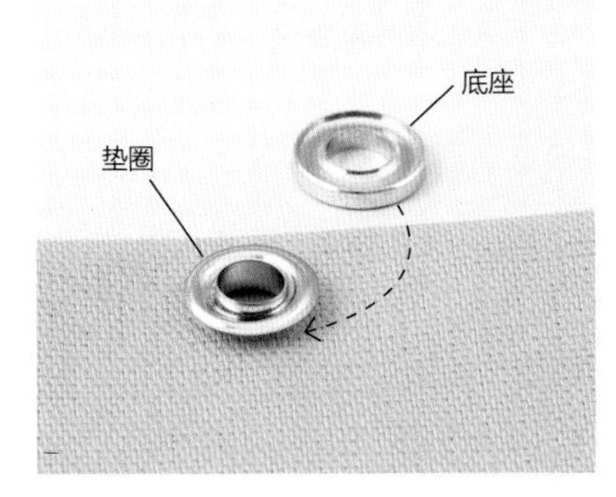

4 将底座置于布料下，嵌入垫圈。

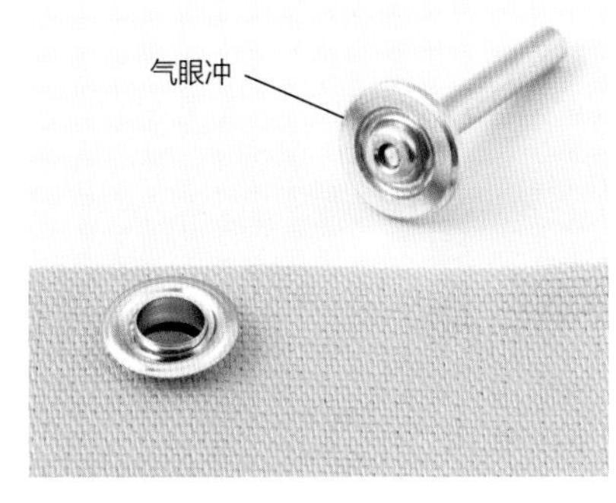

5 将气眼冲置于垫圈上方，用木锤敲打。

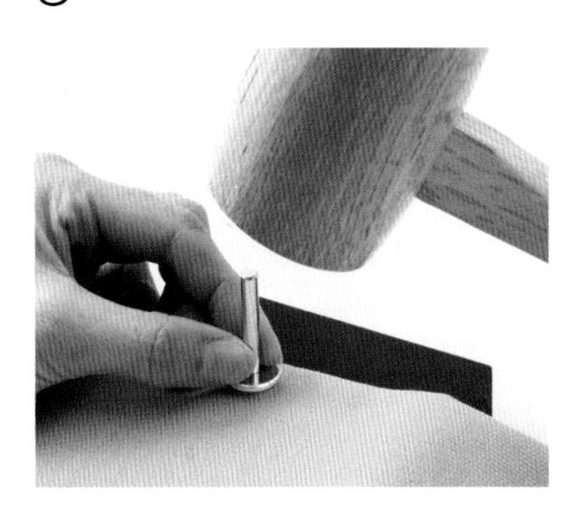

6 垂直敲打气眼冲，保证用力均匀。

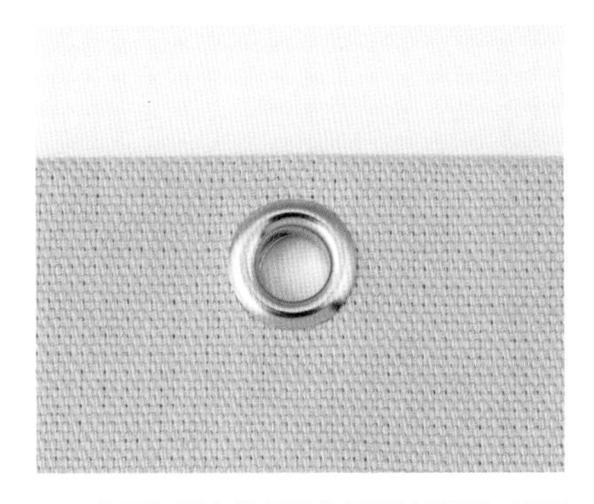

7 金属气眼主体部分的钉杆被敲至与垫圈镶嵌在一起，两者不再移动即可。

Q | 金属气眼可以拆下来重新安装吗?

A | 布料上打的孔无法复原，不过五金件可以借助钳子等工具拆开取下，重新安装。如果安装时不是很有把握，可以先安一个试试。

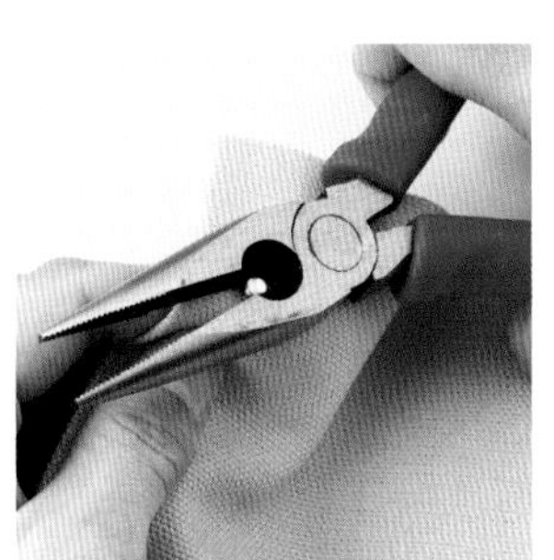

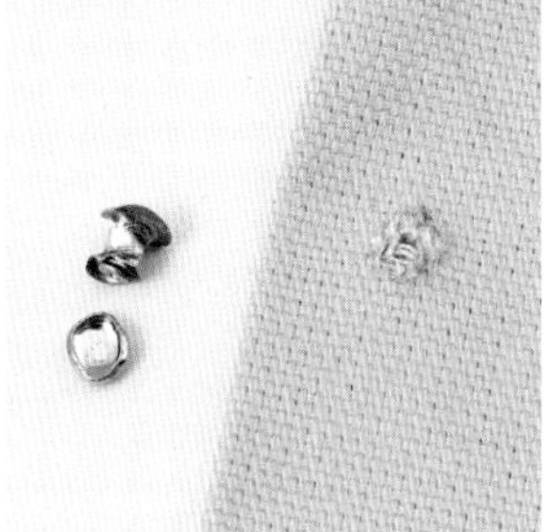

用钳子夹紧五金件，将其破坏后拆下。

铆钉的安装方法

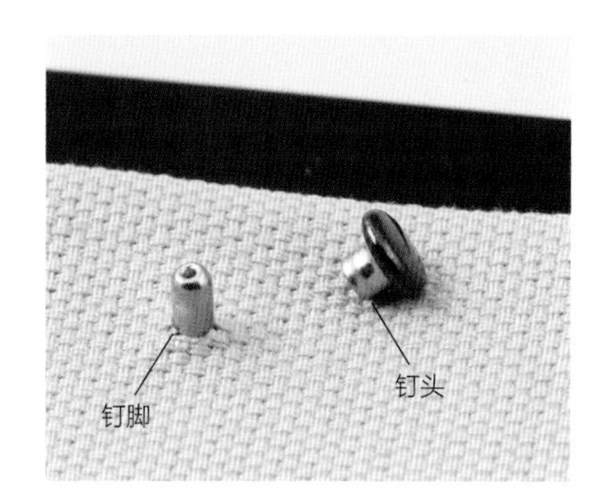

1 与安装金属气眼时一样，先打孔，然后将钉杆插进去，将钉头扣在钉杆上。

2 根据钉头尺寸选择合适的铆钉冲，然后使用木锤进行敲打。如果是单面铆钉，则在下面铺上橡胶板等作为底座。

3 敲打至铆钉完全嵌入不再移动即可。

Q 很认真地安装铆钉，但为什么铆钉却依旧晃晃悠悠不稳定？

A 这是因为所选铆钉钉杆太长，与布料厚度不符。同时，如果钉杆太短，铆钉也会容易脱落或松动。安装铆钉时，应注意选择与布料厚度匹配的铆钉。

铆钉钉杆长度各不相同。

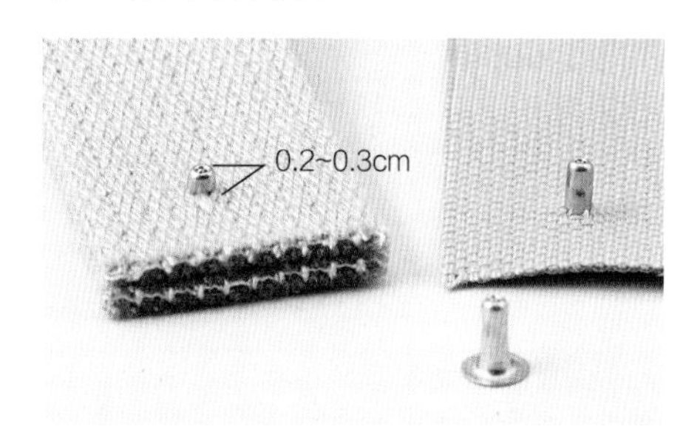

钉杆插入布料中后，露出0.2~0.3cm最为合适。上图中右侧钉杆就过长了。安装金属气眼时也是一样。如果钉杆过长，可以叠加布料，增加布料厚度。

测量布料的厚度

测量后发现，布料其实很薄。如果布料厚度不够，可以叠放两三层相同布料，也可以夹入无纺布或棉衬，调节厚度。

※ 假设布料为会被折两次的包口用布，因此叠了三层进行测量。

5oz（约 141.7g）牛仔布（3 层）
1.07mm

12oz（约 340.2g）牛仔布（3 层）
2.09mm

11 号帆布（3 层）
1.76mm

8 号帆布（3 层）
2.56mm

棉衬（1 层）
1.2mm

无纺布（1 层）
1.2mm

编织布条（2 层）
4.22mm

束口水桶包 →原大纸样 B 面

将绳子穿过金属气眼束口的水桶包，
人造革的提手带上镶嵌着铆钉，
是一款袖珍却又设计独特的包包。

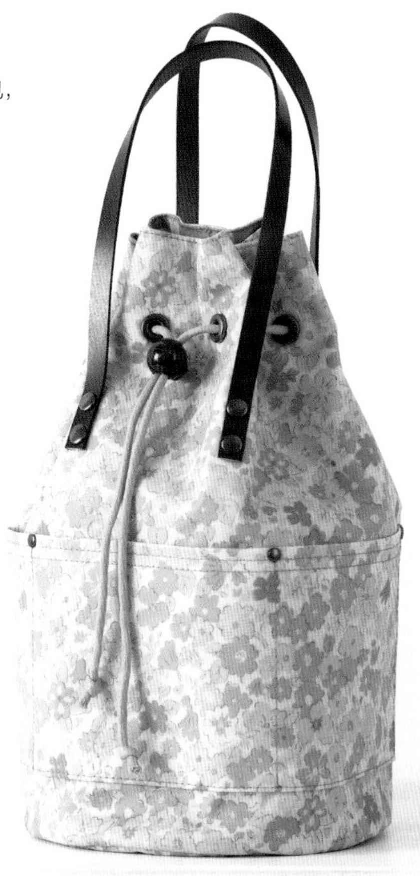

表布使用的是亚光防水布，里布则为较薄的尼龙布。圆形包底使包包可立起来，方便实用。

提手带、五金件、抽绳的调节珠均统一为深色，衬托出了包体花朵图案的淡雅。

制作方法 *为了便于读者理解，这里使用的布料、缝纫线的颜色与第 67 页成品不同。

材料

表布 55cm×50cm
里布 55cm×50cm
包边条（宽 12.7mm，2 条） 60cm
加棉黏合衬 20cm×20cm
金属气眼（直径 0.5cm） 12 组
铆钉（提手带用，直径 0.8cm） 8 组
铆钉（口袋用，直径 0.6cm） 4 组
提手带用布带（宽 1cm） 80cm
绳子（直径 0.3cm） 60cm
调节珠 1 个

成品尺寸

包底直径 15.5cm，高 27cm（不含提手带）

+制作要点

将包制成筒形后再打孔比较难，因此可以先将口袋缝在表布上，然后再加上里布。提前将安装金属气眼和铆钉所需的孔打好，然后将铆钉安装在口袋上。

剪裁图（单位：cm）

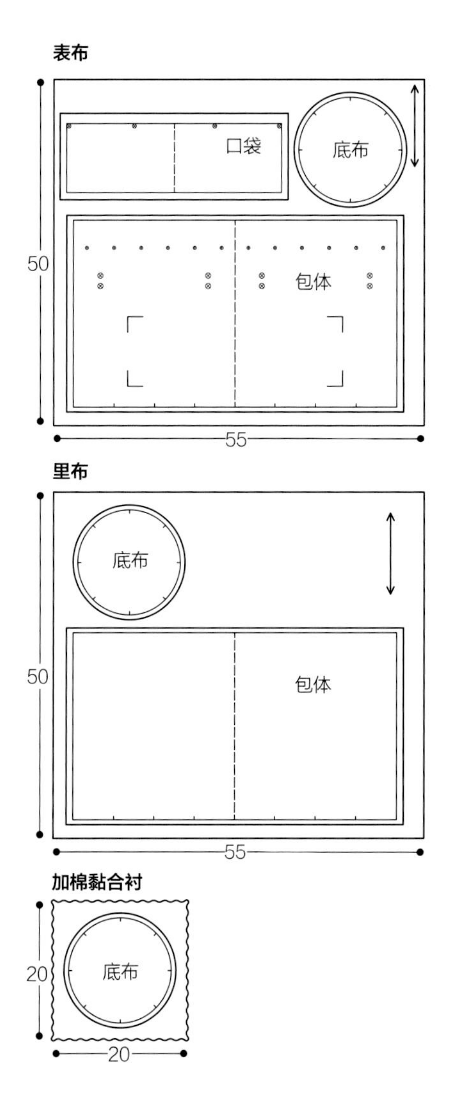

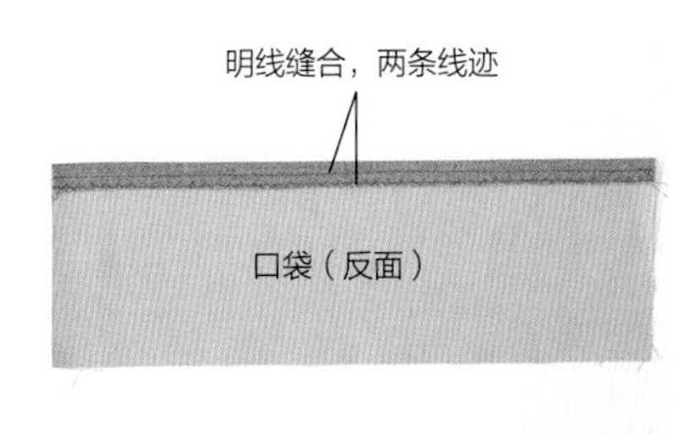

1 先将口袋袋口处锁边（如果使用的是防水布则可省略这一步），再将其向内折一次后明线缝出两条线迹。将剩余三边折好缝份，用熨斗熨烫平整。

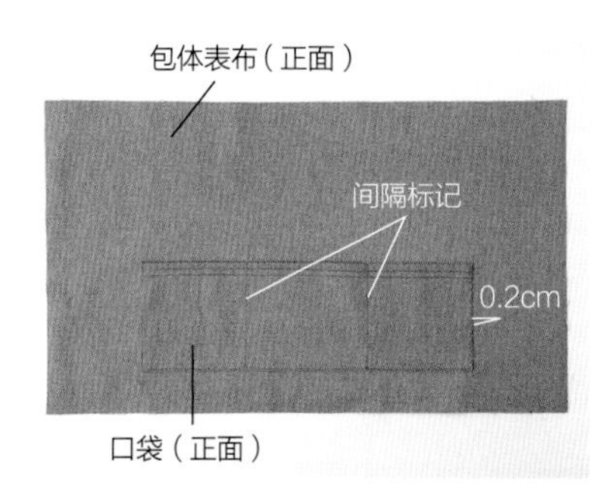

2 将口袋缝在包体表布对应的位置上，并缝出间隔标记。

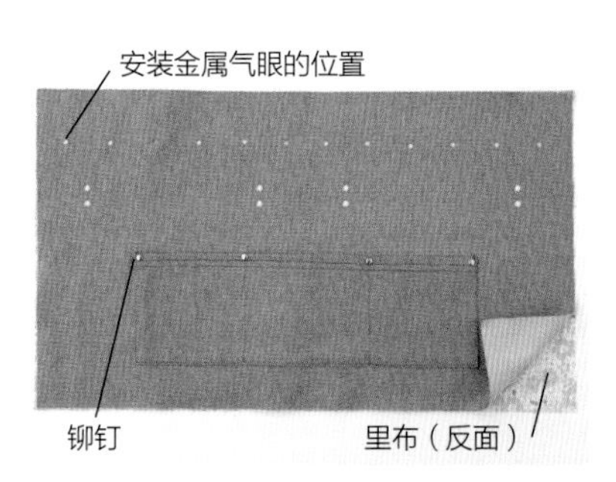

3 将包体表布与里布反面相对，一起打出金属气眼的孔和安装提手带所需的铆钉的孔。在口袋上打出铆钉的孔。

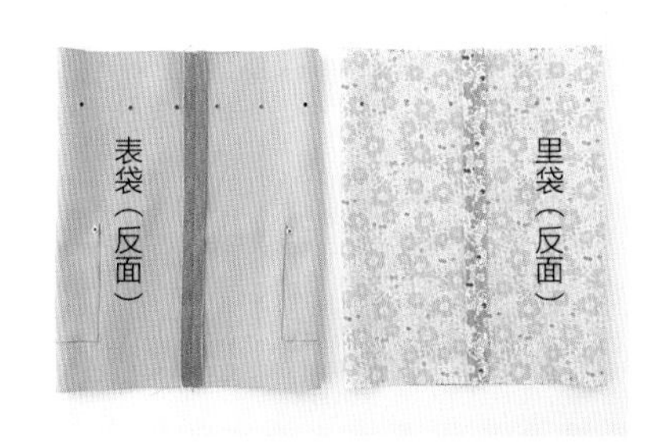

4 将包体表布和里布分别正面相对，缝成筒形，劈开缝份。

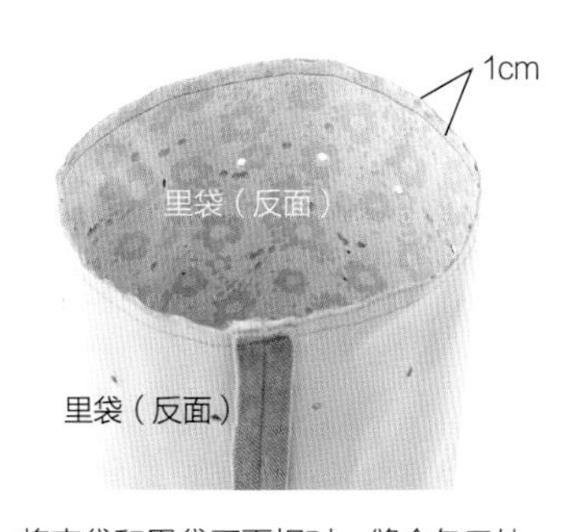

5 将表袋和里袋正面相对，缝合包口处。

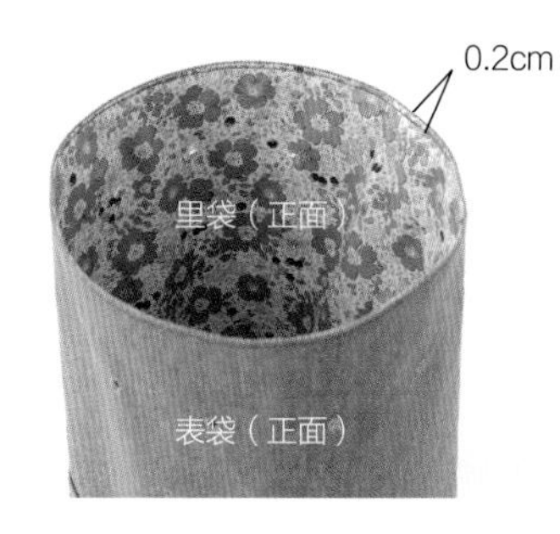

6 翻至正面，明线缝合包口处。

7 将底侧两层布料的缝份缝合。

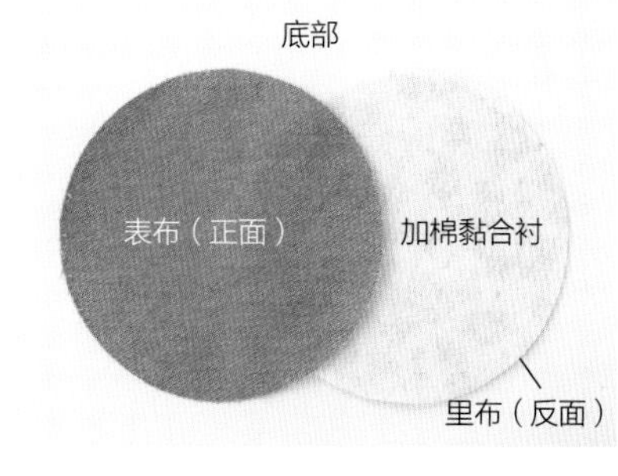

8 制作底部。将表布与贴有加棉黏合衬的里布反面相对放置。

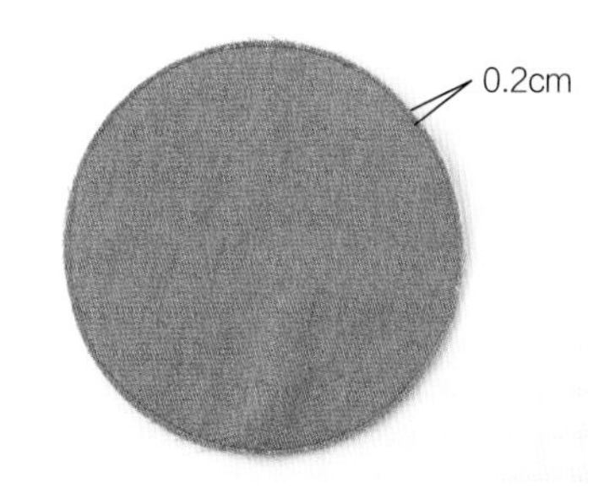

9 缝合缝份边缘。

10 将包体与底部表布正面相对缝合。

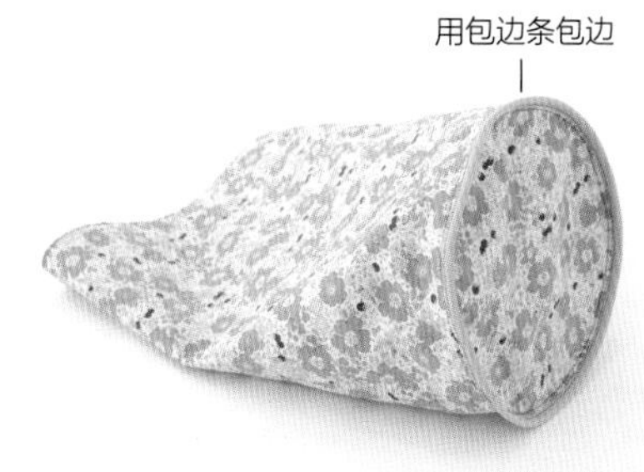

11 用包边条为缝份包边（请参考第43页）。

12 在打好的孔中安装金属气眼。

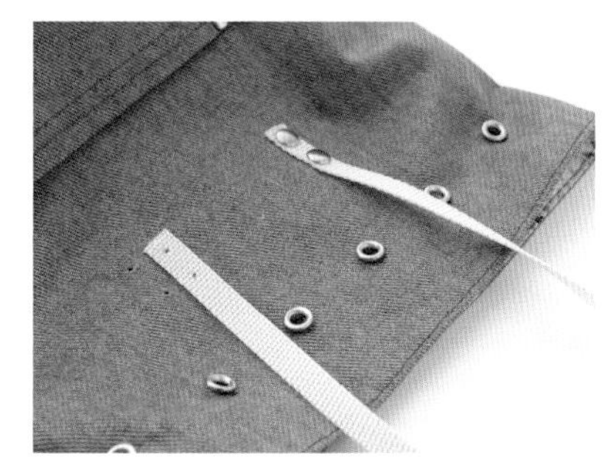

13 利用铆钉，将被裁成两根的提手带用布带（各40cm）固定在包体上。将绳子穿过金属气眼，再将绳子两端穿过调节珠，在末端分别打结。

底板与底钉

为了使较大的包包更加方便使用，一般会为包包加上底板和底钉。
它们虽不起眼，却发挥着重要的作用。
有了底板和底钉，也会使包包看起来更加上档次和正式。

底板

为了支撑较大的包底，保持包包的形状，可在包底部放入一片底板。它比黏合衬更加结实，可以使底布更加牢固。

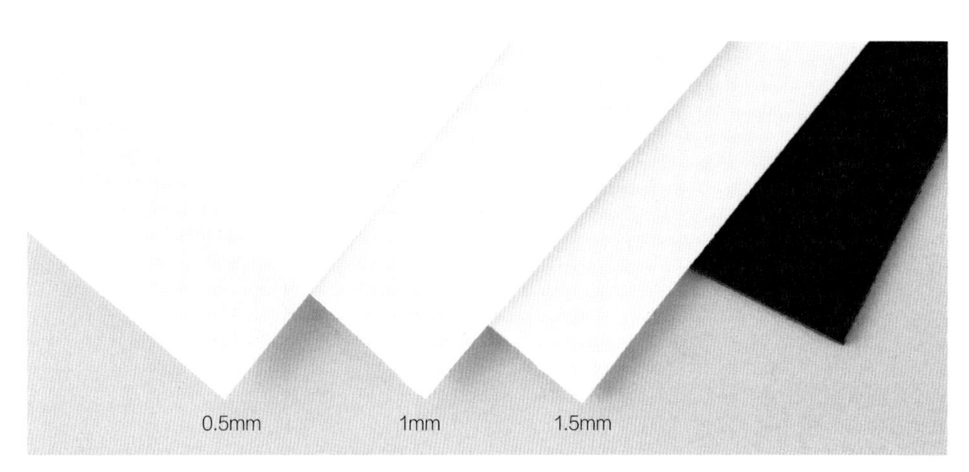

底板主要为聚乙烯泡沫塑料材质，有多种厚度，厚度越大越利于保持包包的形状。这种底板可以用剪刀剪裁，也可用缝纫机缝合，还可以水洗。颜色一般有白色和黑色。

有底板

无底板

没有底板的包包，实用度自然会有所下降，外观风格也会有所不同。

底板的尺寸

为了使底板放入包内后不会发生移位等现象，底板的尺寸要略小于成品底部，一般相差 0.5cm（如图所示）。

连底墙子

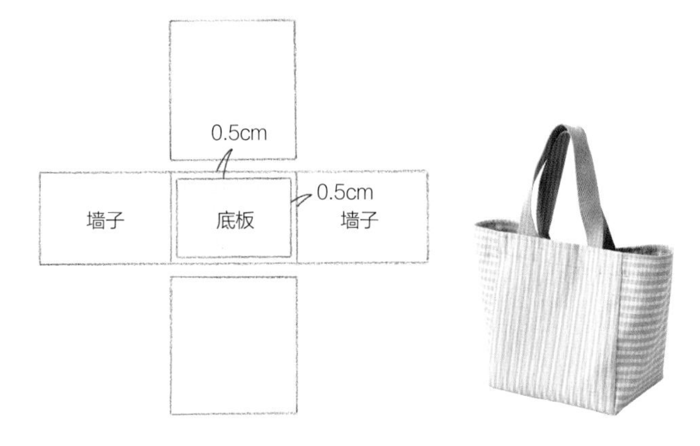

抓角墙子

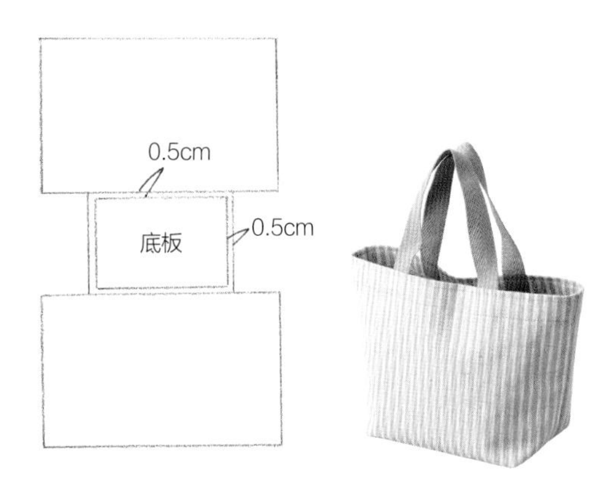

方法 A 单独制作底板

用布包裹底板，然后将其置于包包底部，是最简单的制作方法。
如果底板活动，不够牢固，可以将其固定在包包的缝份上。
如果是没有里袋的包包或小手提包，也可以最后再安装底板（如最后用底钉固定底板）。

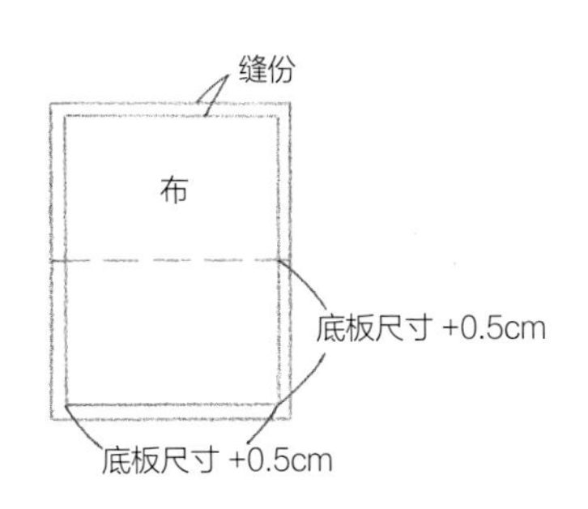

1 剪裁一块足够包裹底板的布料，同时留足缝份。

2 将布料正面相对对折，缝合相邻的两条边。

3 翻至正面，用熨斗熨烫平整，将底板从尚未缝合的一边塞进去。

4 将缝份向内折，缝合。

将底板四角修为圆角

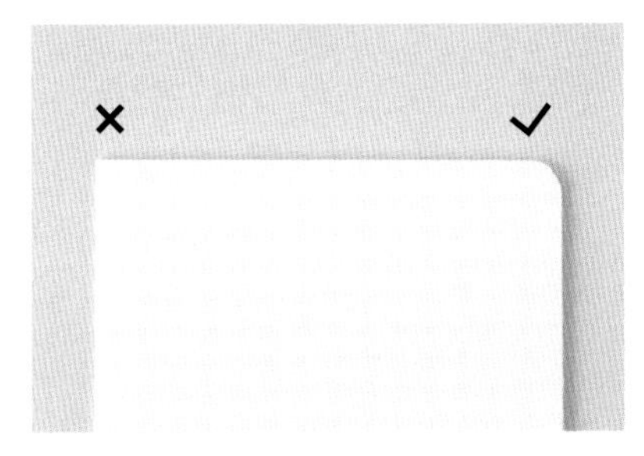

如果底板四角为直角，则容易损伤布料，因此最好用剪刀将其修为圆角。

Q 可以用什么代替底板吗？

A 可以叠加多层较厚的无纺布黏合衬，代替底板。与塑料板相比，这种材料更加柔软，方便加工。通过增加或减少无纺布黏合衬的数量，也可以对其厚度和结实程度进行调整。

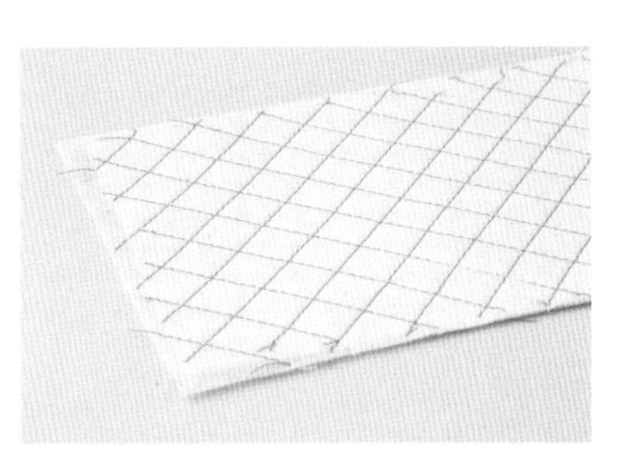

图中为用4张无纺布黏合衬叠在一起做成的底板，使用缝纫机固定后更加结实。将粗略剪裁的黏合衬叠在一起，用熨斗熨烫，使其黏合，然后明线缝合，再进一步修剪。

方法B 将底板缝在包包上

将用布料包裹的底板缝在包包墙子的缝份上，然后一同进行包边处理。

1 剪裁一块与方法A尺寸相同的布料，将其正面相对对折，缝合长边。

2 翻至正面，用熨斗熨烫平整，塞入底板。

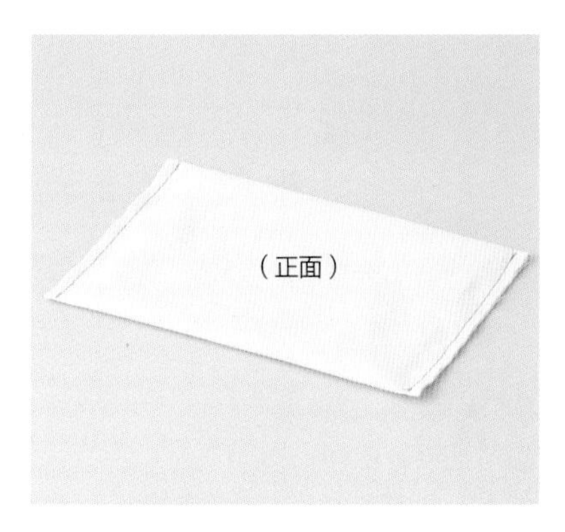

3 用缝纫机缝合两侧。

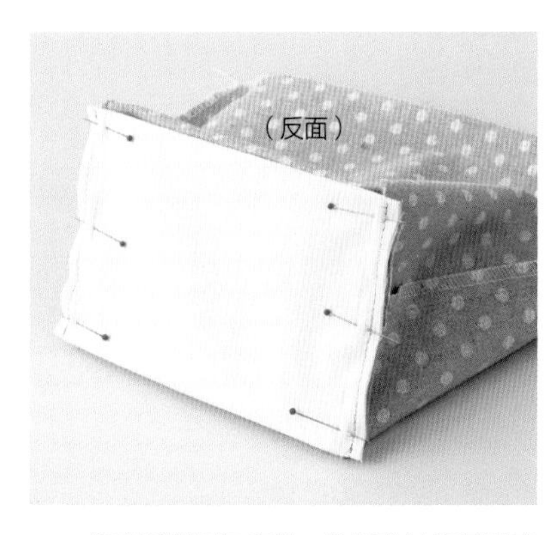

4 将底板置于包底处，使用珠针将其固定在墙子缝份上。

5 使用包边条将包体和底板布的缝份一同进行包边处理。

方法 C　将底板缝在里布上

这种方法仅适用于有里袋的包包。事先将底板缝在里布上，之后再将表布置于其上。
不过，将底板缝在里布上后，缝合时可能会有些吃力。

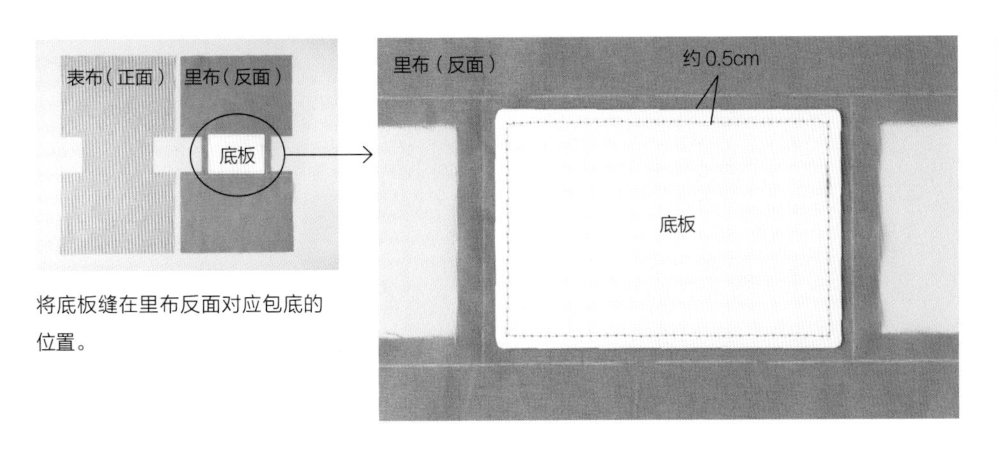

将底板缝在里布反面对应包底的位置。

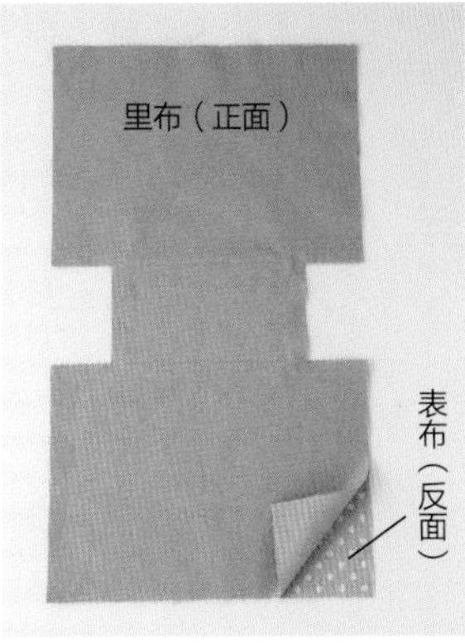

将表布和里布反面相对，简单缝合，之后进行缝制包包的其他步骤即可（可参考第 51 页）。

方法 D　最后加入底板

与方法 C 相同，这种方法也是将表布和里布缝在一起。
但这里不需将底板缝在里布上，而是最后塞进去。

连底墙子

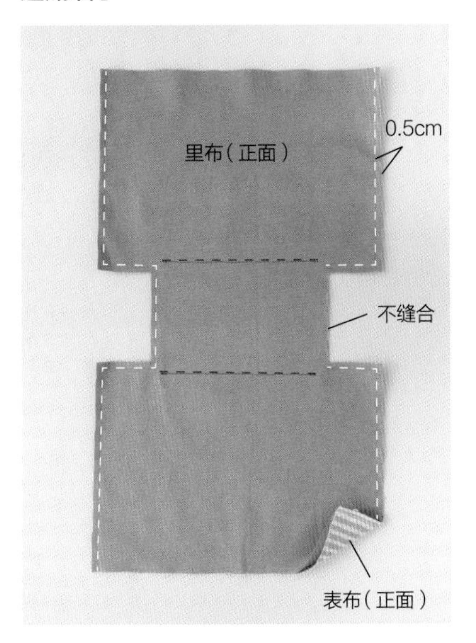

抓角墙子

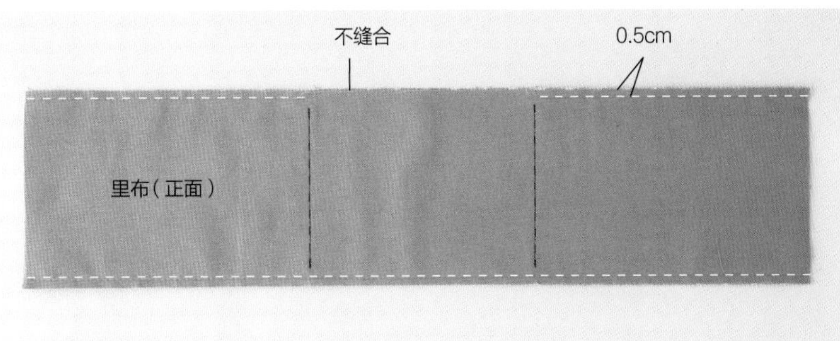

左图和上图：将表布和里布反面相对，缝合边缘。为防止底板发生位移，在包底处缝出两条边（蓝色虚线）。而其他边缘（白色虚线）简单缝合，包底处的一条边不缝合。

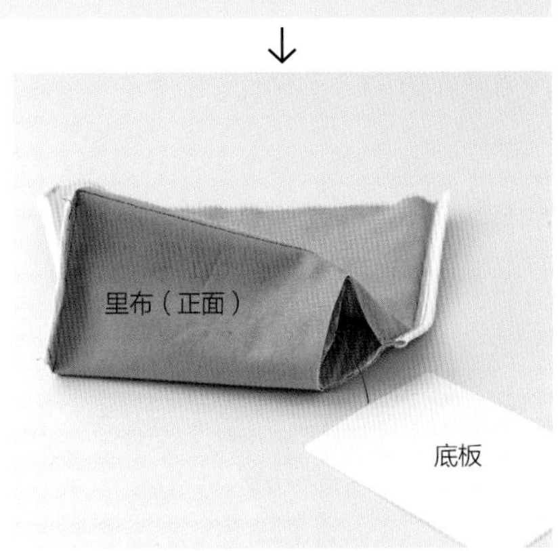

除图中标明不缝合的位置外，缝合其他边缘，并为缝份包边。塞入底板后，缝合最后一边即可。

底钉

底钉是一种安装在包底，可防止包底沾染污垢或被划伤的五金件。
底钉有着不同的尺寸和颜色，可根据包包风格进行挑选。

安装时，将包底夹在底钉两个零件之间，像安装铆钉一样进行敲打。

安装方法

为防止底钉受损，安装时应在橡胶垫板上再垫上厚布或毛巾。

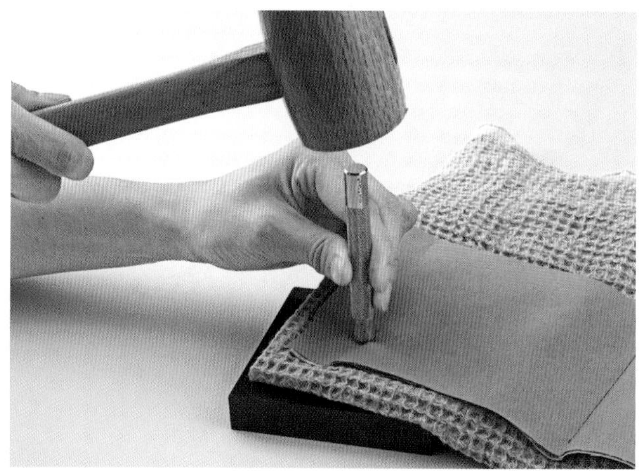

使用安装铆钉时的铆钉冲固定底钉，用木锤进行敲打。敲打至底钉被牢牢固定，不再移动即可。

安装位置

当包底面积较大时，如果只在四角安装底钉，有时会导致中间部分下垂。因此为了更好地支撑起包体，很多时候会在包底安装五个底钉。如果是较小的包包，安装四个就可以了。一般底钉应安装在距离包底边缘 1cm 以上的位置。

基本位置

其他位置

距离边缘
大于 1cm

什么时候安装底钉?

如果包包的底板缝在里布上，那么缝合表布和里布后安装底钉即可。如果是需要之后再塞入底板的包包，那么底钉则最后安装。当整个包包完工后，再在底部打孔会比较困难，因此需要在一开始就把孔打好。

整个包包完工后，将底钉插入布料与底板中，进行敲打安装。

安装底钉也需要一并安装底板吗?

A 底钉的作用是防止包底下垂，接触台面，因此一般安装底钉的包包也会安装底板。

无底板

有底板

这是一款用较结实布料制成的包包，编织布带像是撑起了整个包体，在其包底处的部分安装了四个底钉，即使没有安装底板，包底也不会下垂。这种情况下，包体需要使用不易变形的厚布料。

波士顿包 →原大纸样 B 面

波士顿包大概可以容纳外出旅行一日夜所需的行李。
能够着手制作波士顿包，说明你已经是一位布包制作专业人士了。
绗缝布、防水布、帆布……
根据使用场合，可自行选择合适的布料。

图中波士顿包表布使用的是织锦，里布是棉质床单布。人造革的提手带和带调节环的肩带可拆卸，是一款可手提和斜挎的两用包。

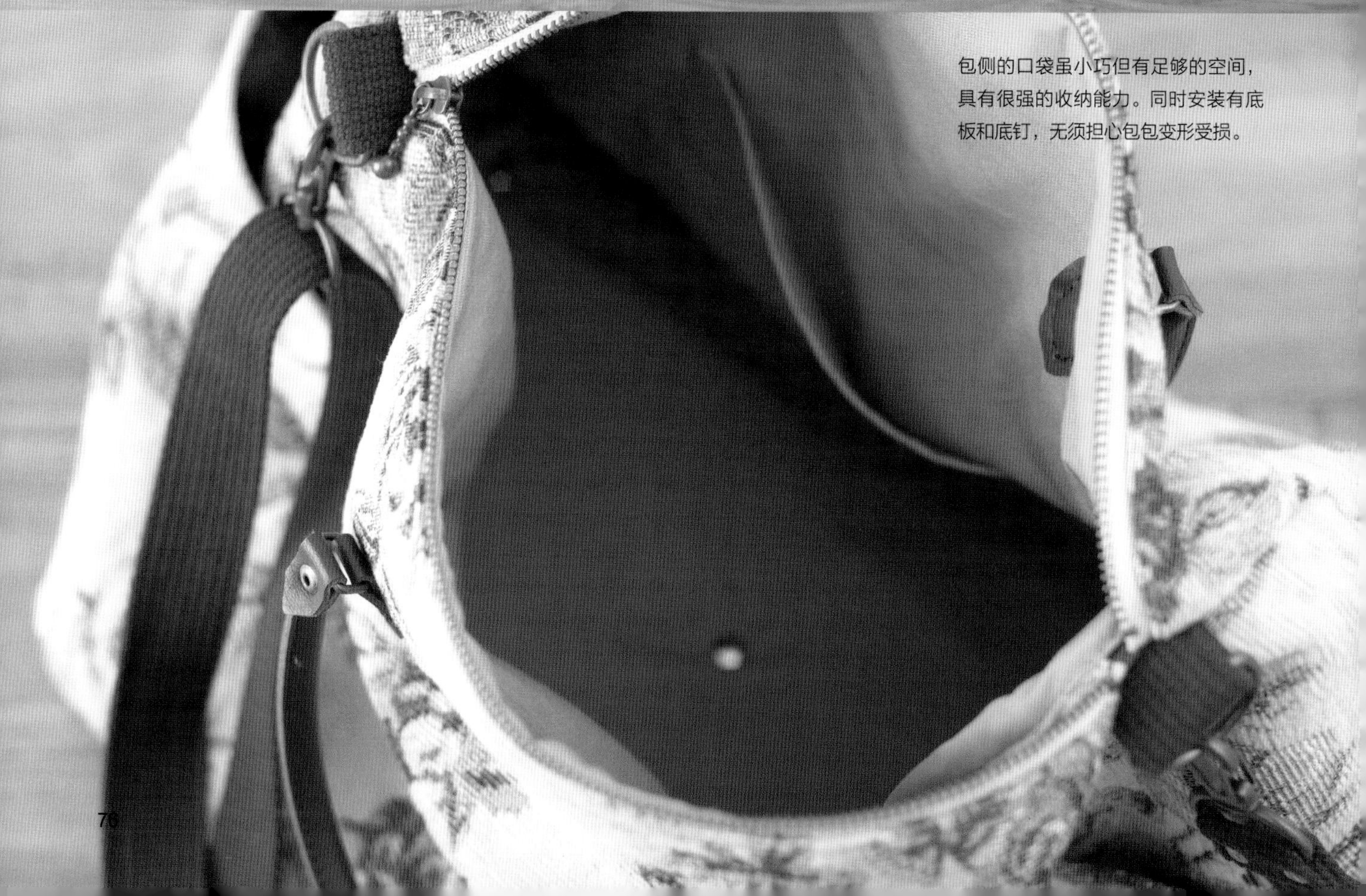

包侧的口袋虽小巧但有足够的空间，具有很强的收纳能力。同时安装有底板和底钉，无须担心包包变形受损。

制作方法

* 为了便于读者理解，这里使用的布料、缝纫线的颜色与第 76 页成品不同。

材料

表布 110cm×60cm
里布 110cm×60cm
黏合衬（可根据实际需要选择种类） 85cm×80cm
包边条（宽 1.8cm，2 条） 2m
防拉伸布条（宽 0.9cm） 70cm
拉链（长 30cm） 1 条
底板（厚 1.5mm） 30cm×20cm
底钉（直径 1.5cm） 5 组
D 字环（宽 2.5cm） 2 个
调节环（宽 2.5cm） 1 个
挂钩（宽 2.5cm） 2 个
肩带用布条（宽 2.5cm） 1.7m
铆钉（直径 0.5cm） 4 组
提手带 1 组

成品尺寸

24cm×31cm（高 × 宽，不含提手带），厚 21cm

+ 制作要点

制作时要留出里袋一条边不缝合，用于最后塞入底板（请参考第 73 页）。图中包包表布使用的是柔软的织锦，因此其反面需要用黏合衬加固。

剪裁图（单位：cm）

表布

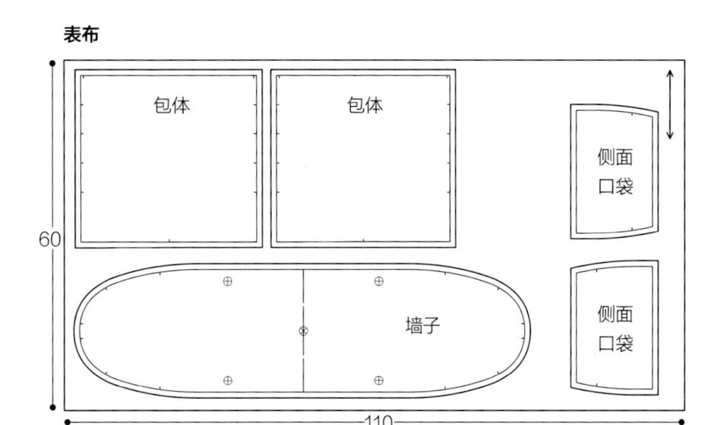

里布

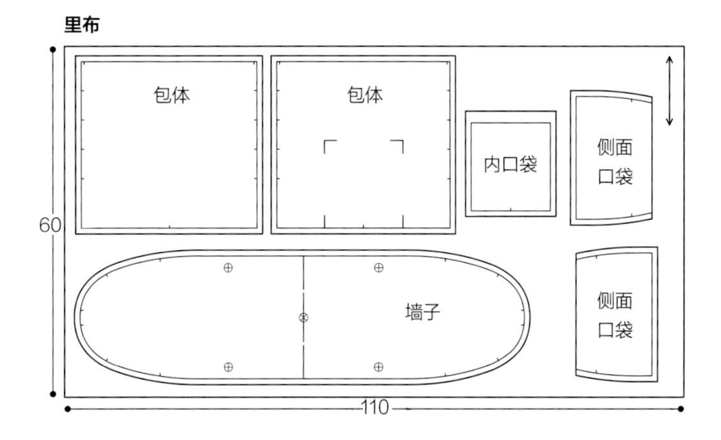

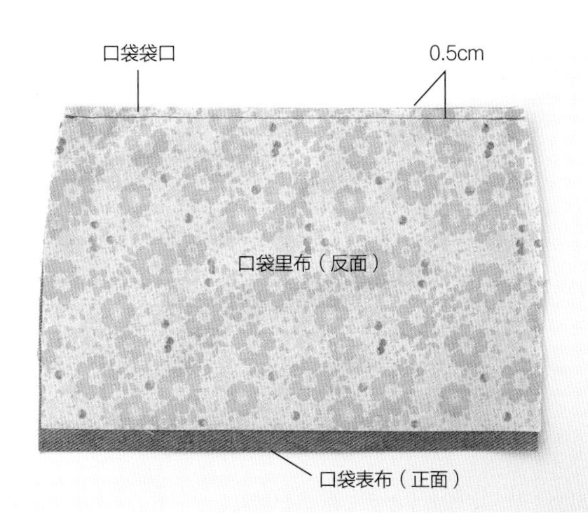

1 将口袋表布和里布正面相对，对齐袋口处，缝合。

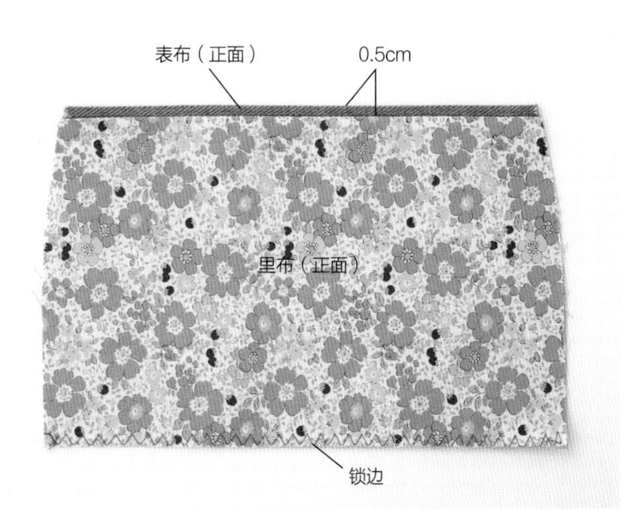

2 将其翻至正面，对齐底部，用熨斗熨烫口袋袋口边缘，然后将两块布料底部一起曲折缝锁边，并在口袋袋口明线缝合。

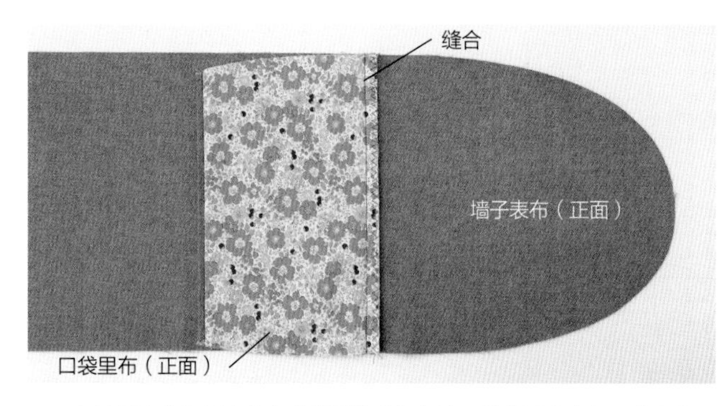

3 在墙子表布和里布的包底位置为底钉打孔。将墙子表布与口袋表布正面相对，在口袋底部进行缝合。

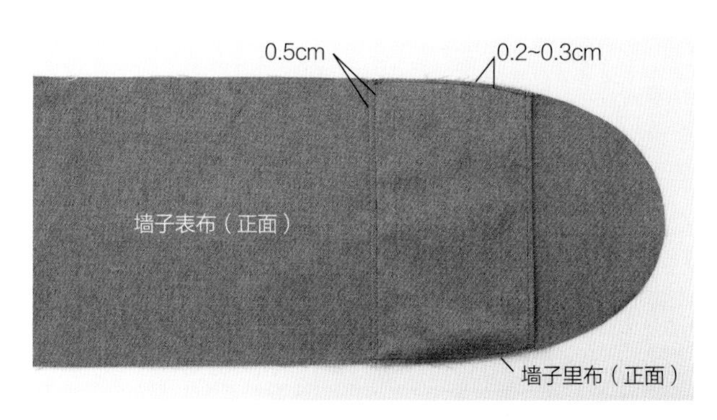

4 将口袋翻至正面，在底部明线缝合。将口袋两侧的缝份简单固定在墙子表布上。墙子另一端也采用相同方法安装口袋。

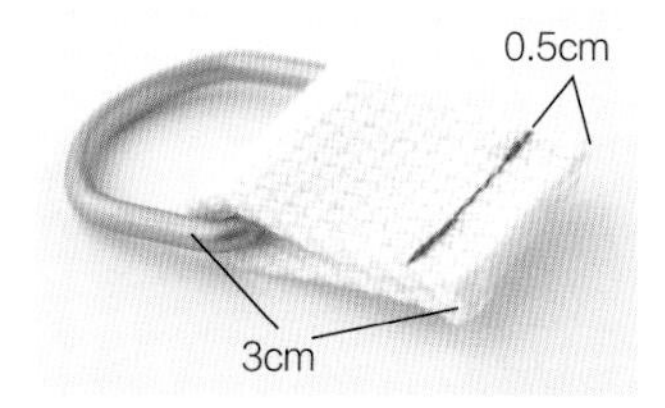

5 裁出6cm长的编织布带，穿过D字环后对折，缝合边缘。制作两个这样的组合备用。

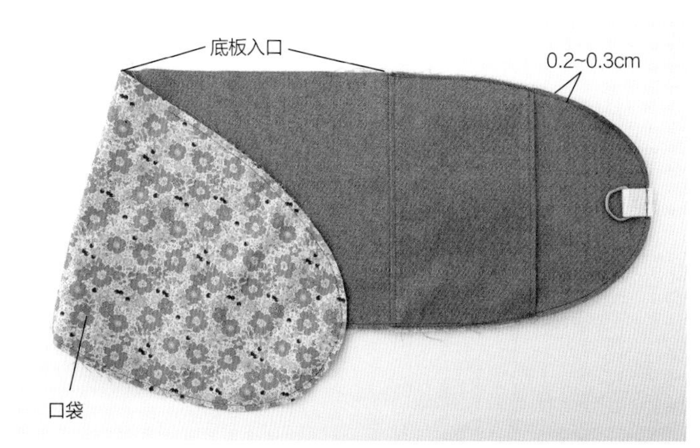

6 缝合墙子表布和里布边缘，并将第5步制作的布带和D字环固定在墙子两端。包底位置留出一条边不缝合，以便最后塞入底板。

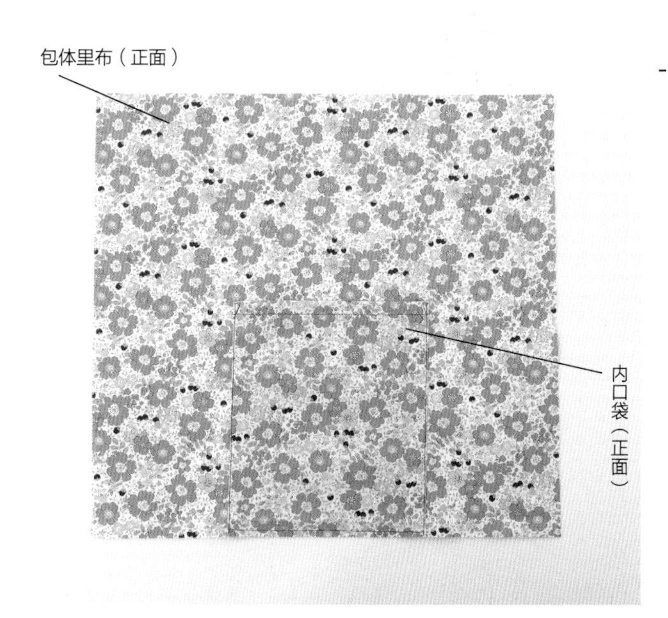

7 将内口袋袋口处向内折0.5cm，折两次，并按成品线折好缝份，然后将内口袋缝在包体里布上。

8 在包体表布的包口处（安装拉链的一侧）按成品线贴上防拉伸布条。

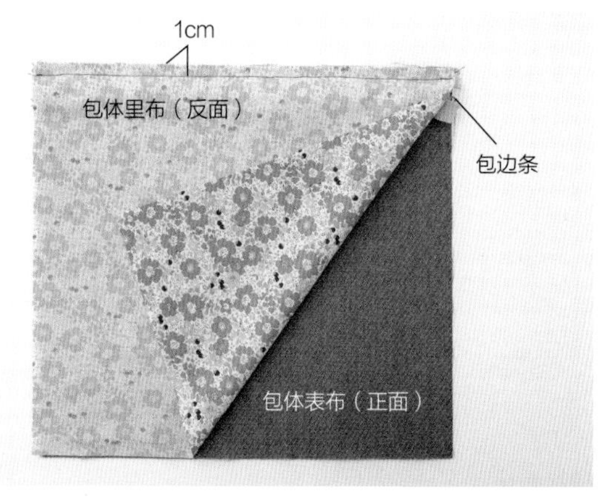

9 安装拉链（请参考第29页）。

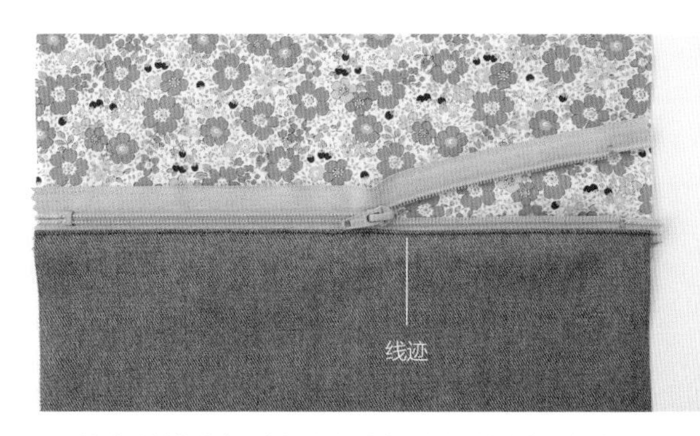

10 将缝份倒向表布一侧，仅在表布一侧明线缝合。包体另一面也采用相同方法安装拉链。

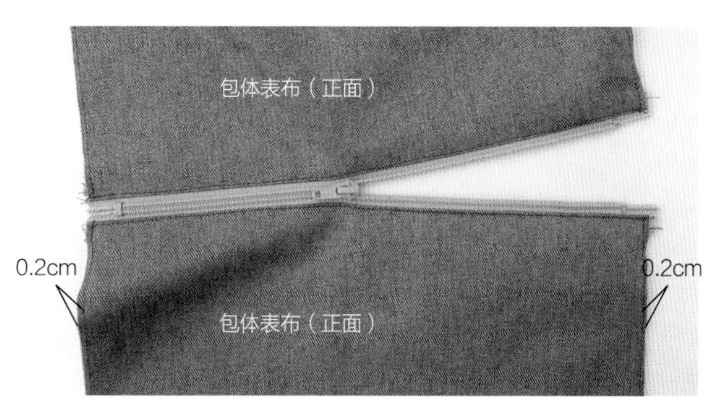

11 将表布与里布反面相对，将缝份部分缝合。

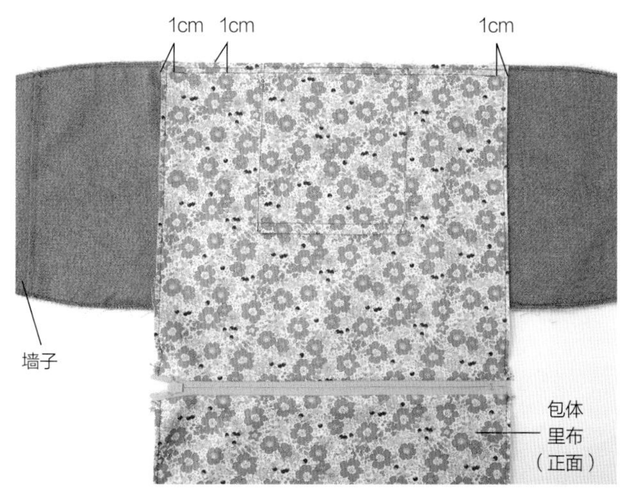

12 将包体与墙子正面相对，将包体与墙子上预留的底板塞入口相对的一侧按成品线缝合。

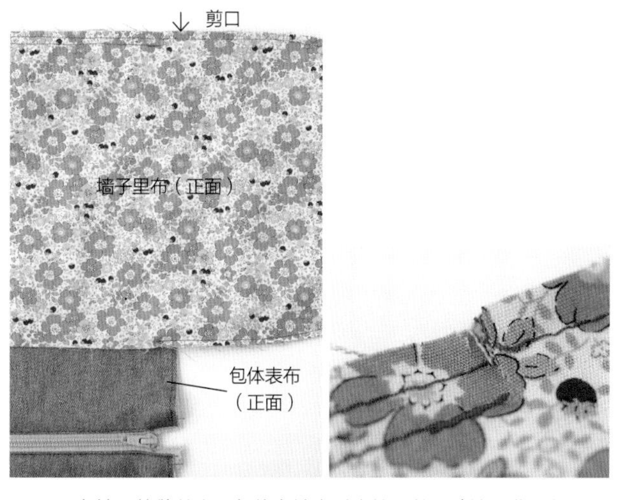

13 在墙子的缝份上，包体布端点对应处打剪口（墙子曲线部分的缝合方法请参考第 20 页）。

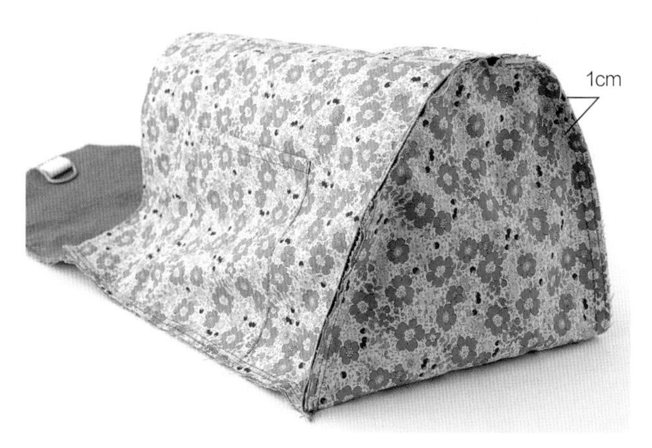

14 将墙子的曲线部分缝合。另一侧也采用相同方法，留出底板塞入口，缝合其他地方。

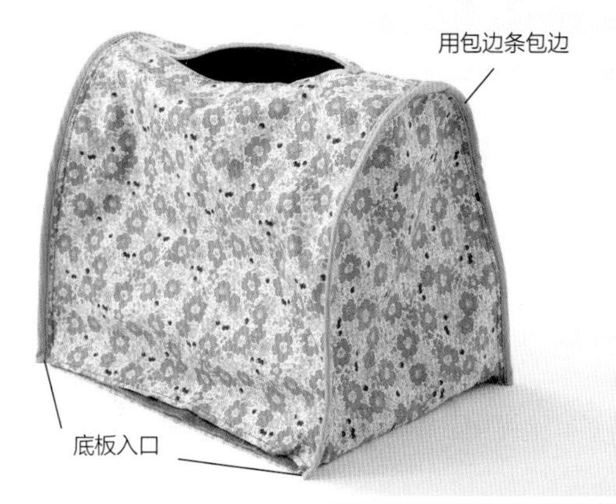

15 将曲线部分的缝份用包边条包边（请参考第43页）。有角的部分，可暂停包边，先将包边条缝合。

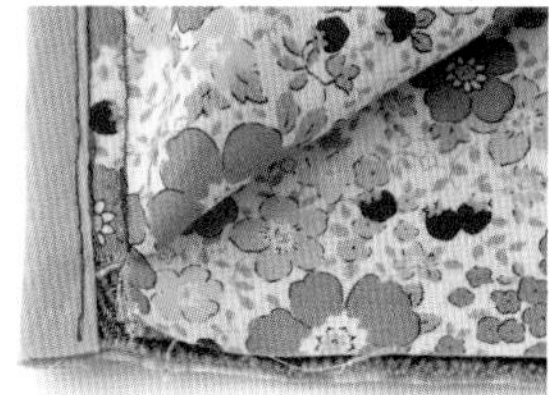

16 将与预留的底板塞入口相对的一侧用包边条包边。边角处将布条多缝出1.5~2cm，向内折起，用缝纫机车线固定。

30cm
2cm
2cm
10cm
20cm
15cm
底板

17 在底板上对应底钉的位置打5个孔。

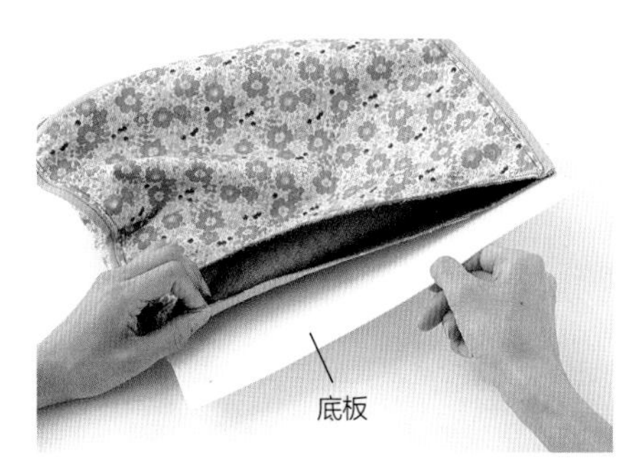

18 从预留口塞入底板。

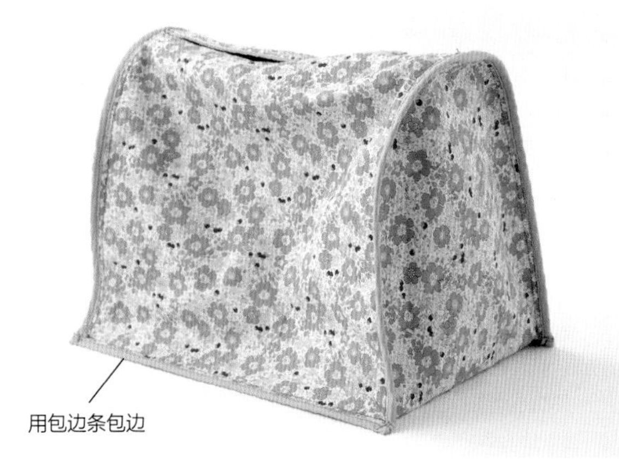

19 缝合底板塞入口一侧，用包边条包边。

20 安装底钉。

21 将提手带缝在包体上，使用回针缝方法（请参考第55页）。

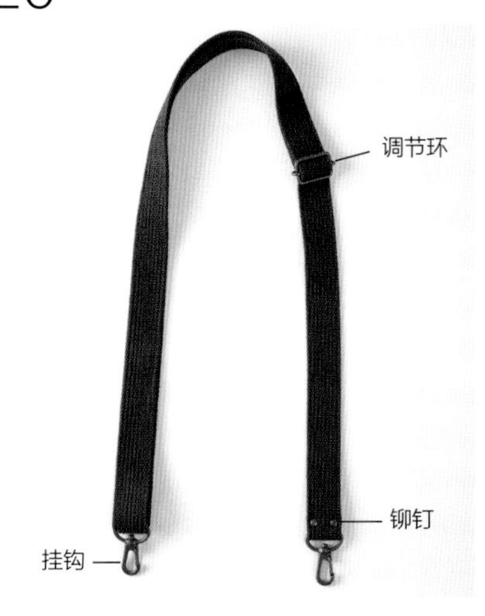

22 将肩带用布带（150cm）穿上调节环和挂钩（请参考第58页），两端向内折两次，安装铆钉固定，制作成一条挎包肩带。

制作完美手工包的进阶课程

这部分总结了手工包制作的基本要领，适用于制作各种款式的包包。
学习这些知识，可以帮助你轻松制作出更加精美的手工包。

修整布纹和过水

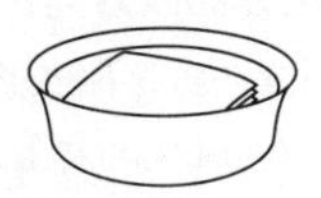

剪裁

机缝

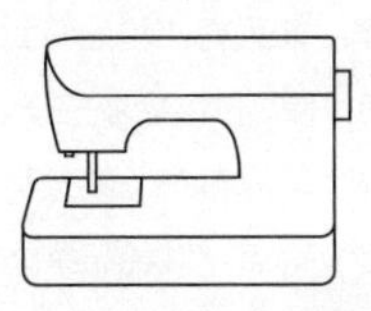

熨烫

使用锥子

修整布纹和过水

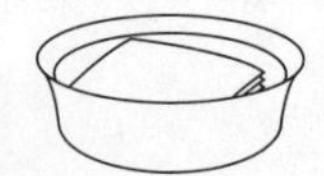

什么是修整布纹？

布料都是由经纱和纬纱交织而成的。
一般情况下，经纱和纬纱垂直相交，
但有时也会出现织线歪曲，
或布耳被勾起、横线倾斜的情况。
如果剪裁这样的布料进行缝纫，最终纱线会恢复到原本的垂直状态，
而剪裁的布料就会变形了。
为避免这种情况，在剪裁布料前，需要对其布纹进行调整，这便是修整布纹。

布耳　布纹线　布耳
斜裁方向
45°

什么是布纹方向？

布纹是与布耳平行的线。将布料的布纹与纸样上的布纹线对齐。越是直线型的纸样，两者越容易对齐，制作出来的成品也会比较精致。

什么是斜裁方向？

斜裁方向与布纹方向呈45°角。如果将布料沿着斜裁方向拉伸，布料会被拉长，包边条（斜裁布条）就是利用了这个特点。这种布条无论直线包边还是曲线包边都可以，不仅凸显边角轮廓，还不会出现褶皱。

熨斗的设定温度

质地	适合的温度
棉和麻	高温（180~210℃）
毛和丝	中温（140~160℃）
化纤（尼龙、聚酯纤维、人造丝、腈纶除外）	低温（80~120℃）

此表仅为一般参考值。
使用前可先在非关键部位进行温度的调试。

布纹的调整方法

1 首先观察布料，确认其纱线的编织情况。如果是格子布，歪斜的地方很容易被发现，例如，左图中的纬纱偏向左下，有所偏斜。如果这样剪裁，剪裁出来的布料上也会是歪斜的图案。

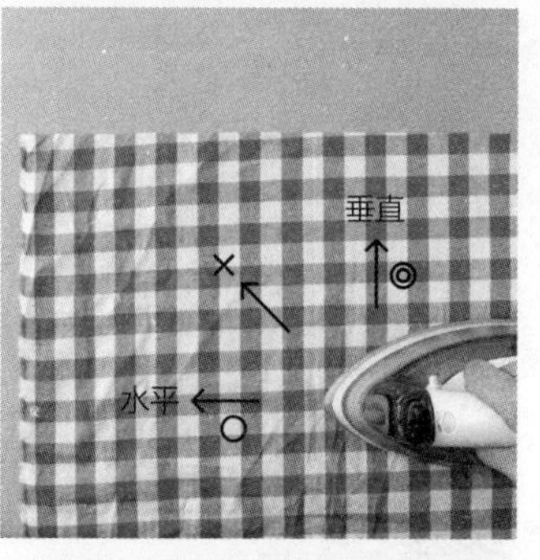

2 用手抓住布的一端，另一只手向需要调整的方向用力拉拽。用手调整后，使用熨斗沿着水平方向和垂直方向对布料进行熨烫。斜向熨烫会导致布料发生拉伸，因此应当沿着布纹方向熨烫。

3 当布纹没有歪斜，经纱与纬纱呈直角时，布纹就调整好了。

如果布料无法修整布纹呢?

防水布

防水布的表面有防水涂层，因此无法对其进行布纹的修整。如果这类布料上的格子等图案出现偏斜，应优先保证图案端正与完整，对布料进行剪裁。这类布料无论沿哪个方向剪裁都不会拉伸变形，因此可以图案为主。

绗缝布

绗缝布是在布料与布料之间加入棉芯，然后缝合制作而成的，因此其布纹也无法进行修整。使用时，可优先参照正面布料的纹路进行剪裁。

什么是过水?

为防止布料缩水，
在制作前事先让布料浸过水，这就是过水。
如果布包制成后布料缩水，会导致布包变形，
容积也将发生变化。
不同布料的缩水程度不同，
有时会出现里布几乎没变化，但表布却严重缩水的情况。
事先将布料过水，可防止这种情况的出现。

过水的方法

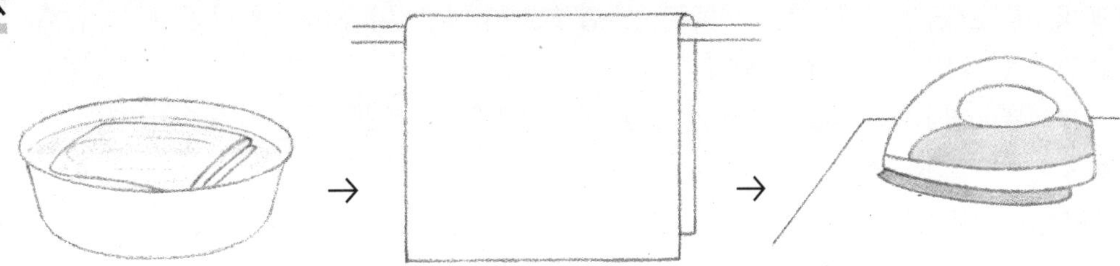

浸泡在水中

将布料浸入水中，待布料每一部分都均匀地浸泡在水中即可（也可以将布料放进洗衣机中进行常规洗涤）。

脱水晾干

轻微脱水。如果布料中的水分流失过多，则容易出现褶皱，应当特别注意。将布料打开，保证其布纹平整，没有偏斜，晾至半干状态。

使用熨斗熨烫，修整布纹

请参考第 82 页，使用熨斗熨烫布料，修整布纹，至其干透。

布料都要过水吗?

过水并不是必需的步骤。
如果制作完成后无须洗涤，
也可以只用熨斗熨烫，修整布纹。
购买布料时，可事先向店家确认是否需要过水。
有时店家可能无法确定，自己也难以判断。
如果担心洗涤时布料缩水，会对成品造成较大影响，那么事先过水是比较保险的。

先用碎布片进行试验

麻布是最容易缩水的布料，其次是棉布。如果布料有富余，可以先用碎布片进行试验。

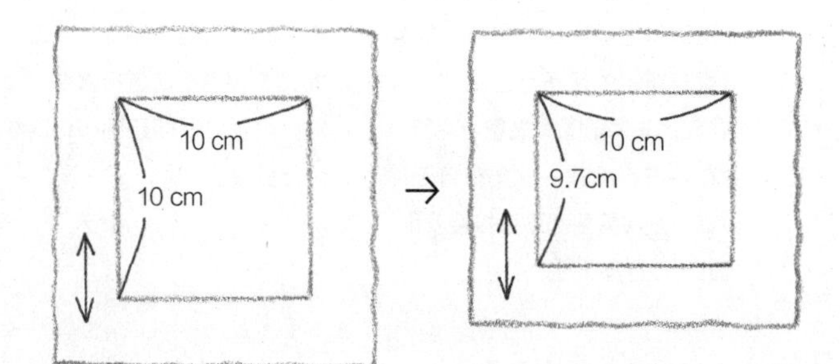

用圆珠笔等线迹较细且防水的笔在碎布片上画一个边长10cm的正方形，然后将布片浸在水中，之后晾干，用熨斗熨烫平整。

测量正方形各边长度。如果缩水了，那么这块布料则需要提前过水。一般情况下，布料不会整体缩水，比较常见的是经纱方向缩水3%（如图所示）。

这种时候也需要过水

如果布料上有一些无法用熨斗熨烫平整的褶皱或布料中央的折痕，
也可以通过过水的方式将其消除。
将布料浸入水中，一些褶皱遇水就会消失。
如果还有一些不平整的地方，
则可以直接将布料过水或洗涤。

剪裁

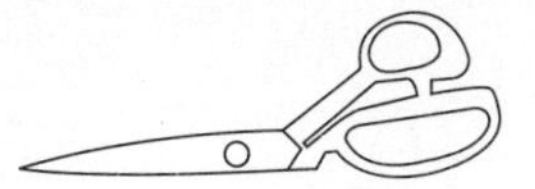

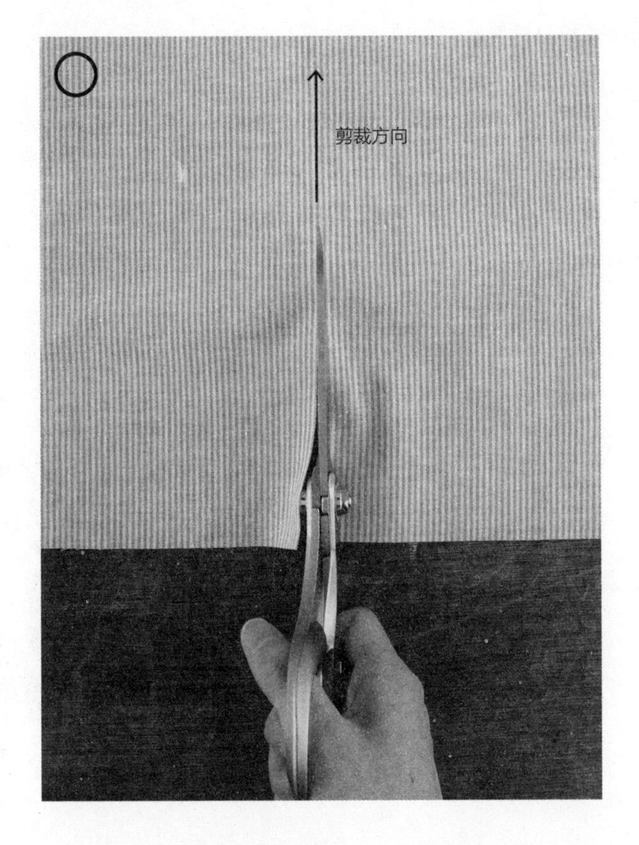

将剪刀垂直于布料进行剪裁

要想完成一件精美的作品，
首先要学会按照纸样剪裁布料。
如果布料的剪裁太过随意，
那么在后续步骤中将难以修补。
剪裁时剪刀应当与布料垂直。

剪裁时刀尖一般紧贴桌面，不可高于桌面。如果同时剪裁多块布料，刀尖翘起可能会导致布料偏移，剪裁边缘也会歪曲，因此需要特别注意。

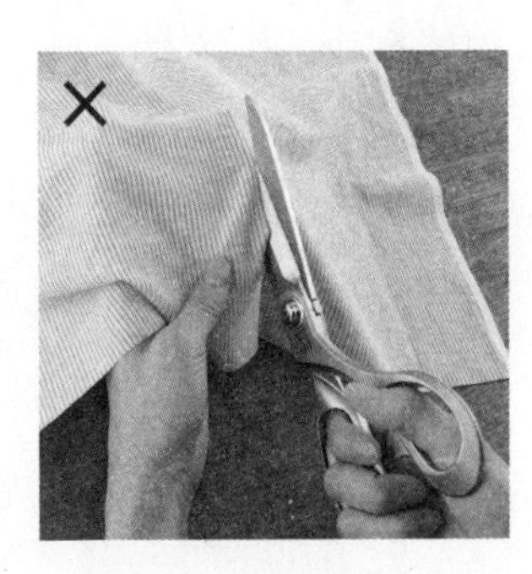

对照纸样进行剪裁

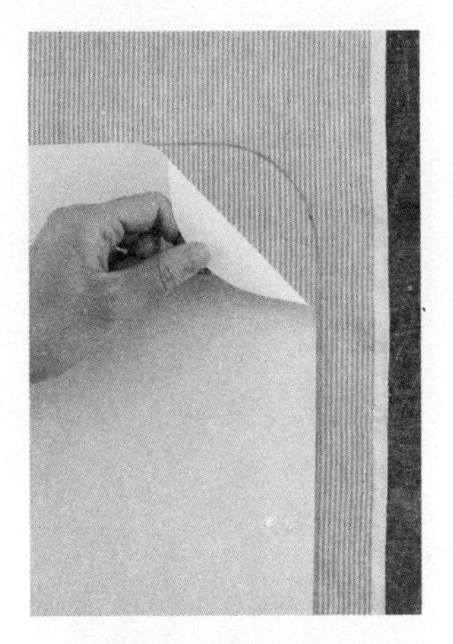

1 将纸样置于布料上，压以重物固定，用划粉笔在布料上描出纸样轮廓。

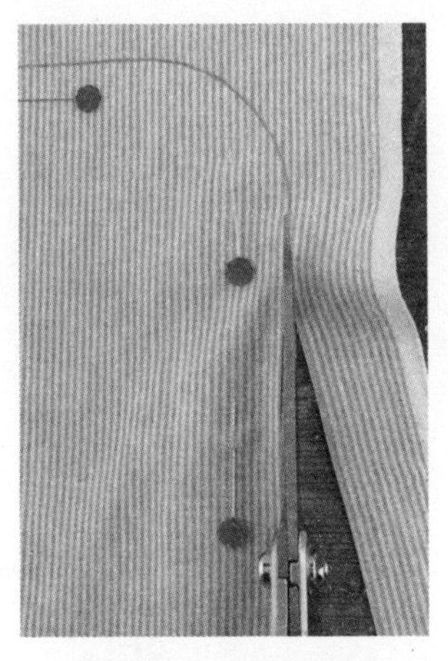

2 沿轮廓线内侧进行剪裁，剪掉轮廓线条及多余布料。

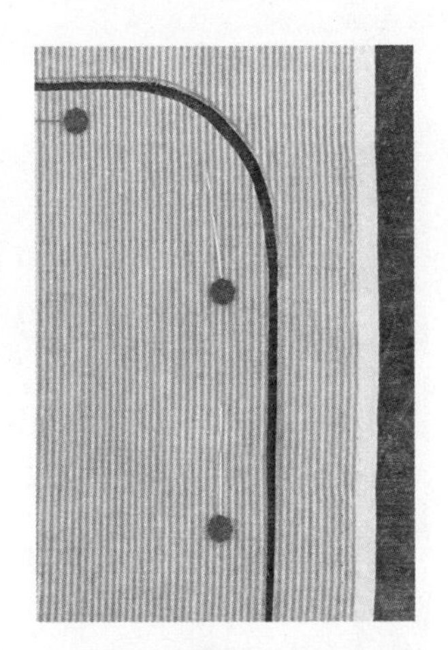

3 因为临摹轮廓时是沿着纸样外侧进行的，所以剪裁时需要沿着轮廓线内侧，这样剪裁出来的布料与纸样才会大小一致。

如果布料上的图案有明显的方向

如果布料为素色或有小花等无方向性的图案，那么沿着布纹剪裁即可。
但如果布料上的图案之间有着明显差异，则剪裁时需要格外注意。
剪裁有方向性的布料时，纸样也需要调整方向摆放，确认图案为正向后再进行剪裁。

底部对折

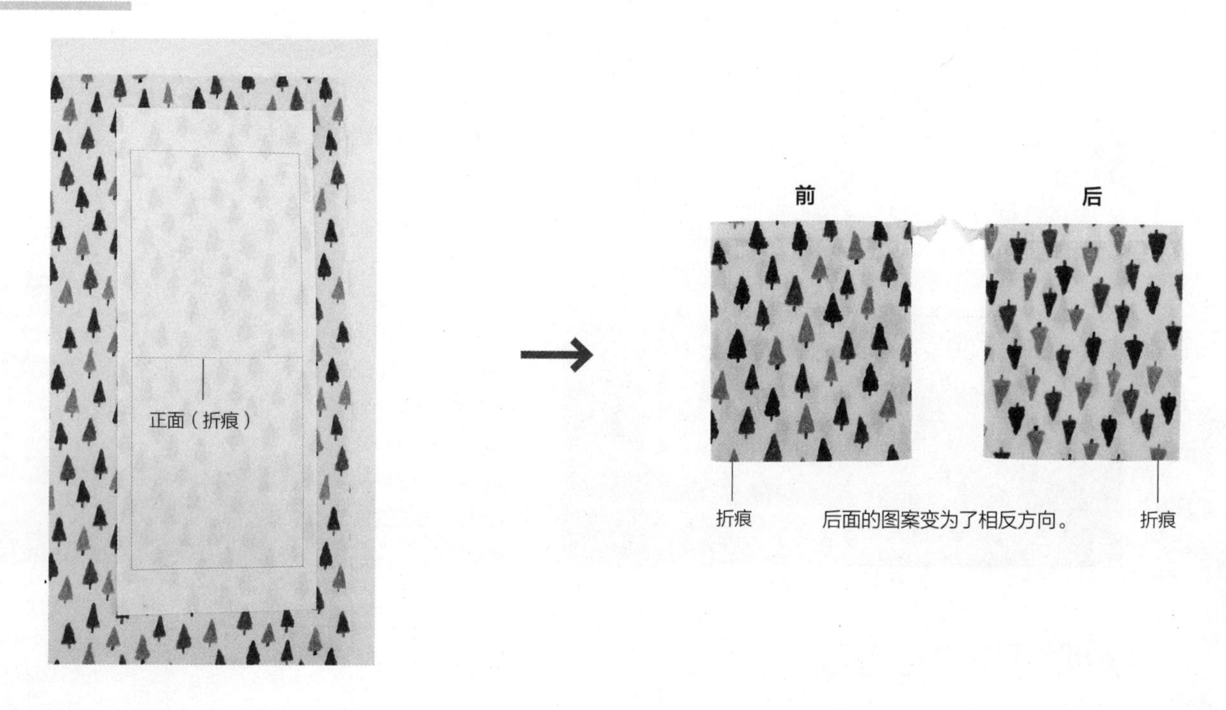

后面的图案变为了相反方向。

底部缝合相连

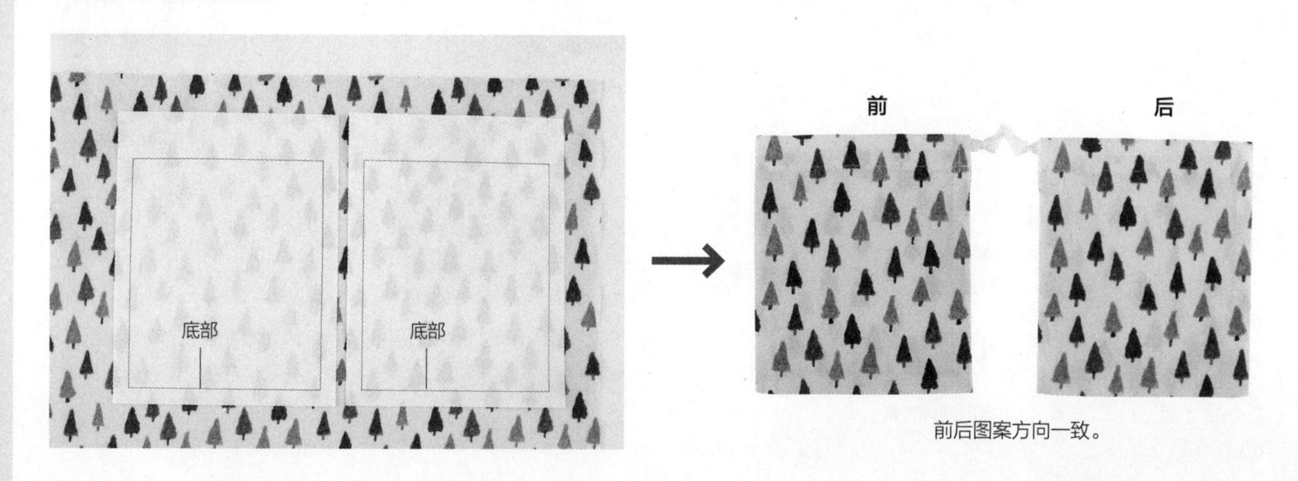

前后图案方向一致。

选择适合自己的剪刀

裁布剪刀有着多种材质，
以前多为钢质剪刀，现在也有不锈钢剪刀。
不锈钢剪刀重量轻，不易生锈。
钢质剪刀虽然生锈后会影响使用，但磨一磨就可恢复原状，
可以使用很长时间。

剪刀各部位的名称

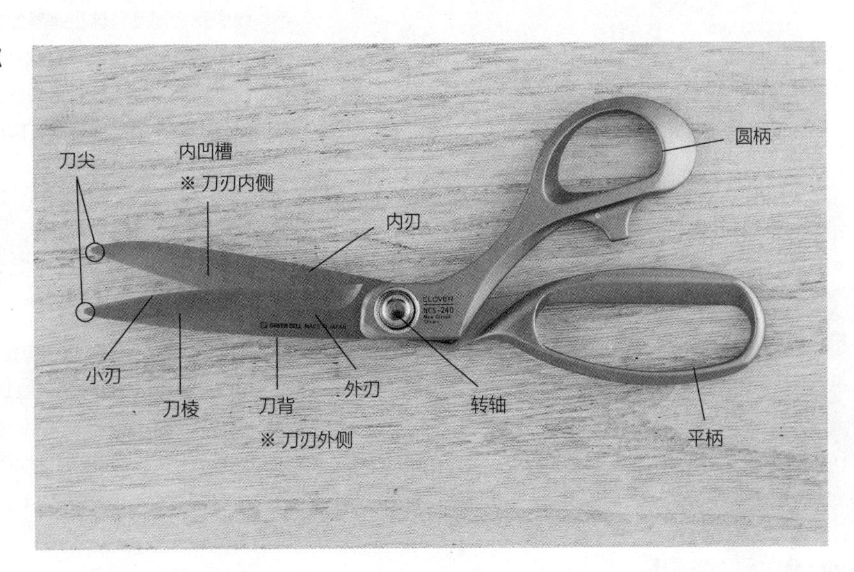

剪刀的大小

一般裁布剪刀长 24cm，也有小一点的，如长 22cm 的，或是大一点的，如长 26cm 的。购买剪刀时，应当实际握在手中，感受其大小和重量。

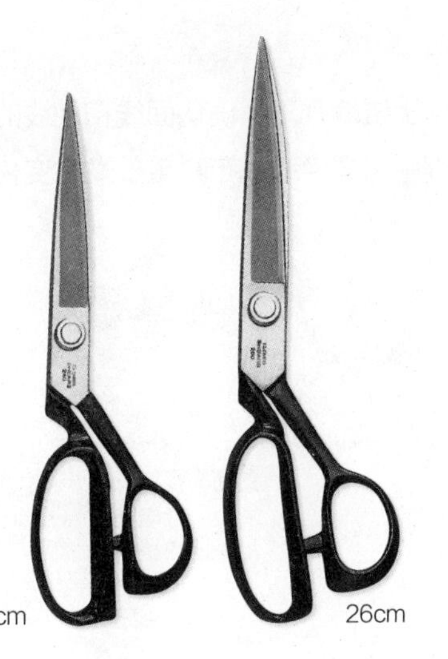

24cm　26cm

如何保持剪刀锋利？

“空剪”，即不剪任何东西，只一味地使剪刀一闭一合，是损伤刀刃的一大原因。此外，还要避免剪刀从桌面掉落，伤了刀刃或导致转轴松动，影响了剪刀的锋利程度及耐久性。使用剪刀后，一定要养成将剪刀闭合的习惯。如果是钢质剪刀，那么请到附近的相关店铺进行咨询。

机缝

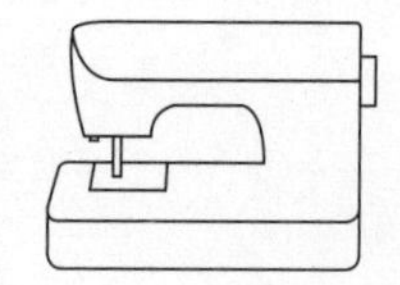

组装缝纫机

使用缝纫机前的准备工作非常重要。
如果不做准备，贸然开始，很可能出现缠线或针脚不整齐的状况。
这时拆开缝线重新缝，会损伤布料，影响成品的美观程度。
开始缝前，应当认真组装好配件，调整缝纫机面线和底线的松紧程度。
根据品牌和机型的不同，缝纫机的结构也各不相同，
因此在使用前请认真阅读说明书。

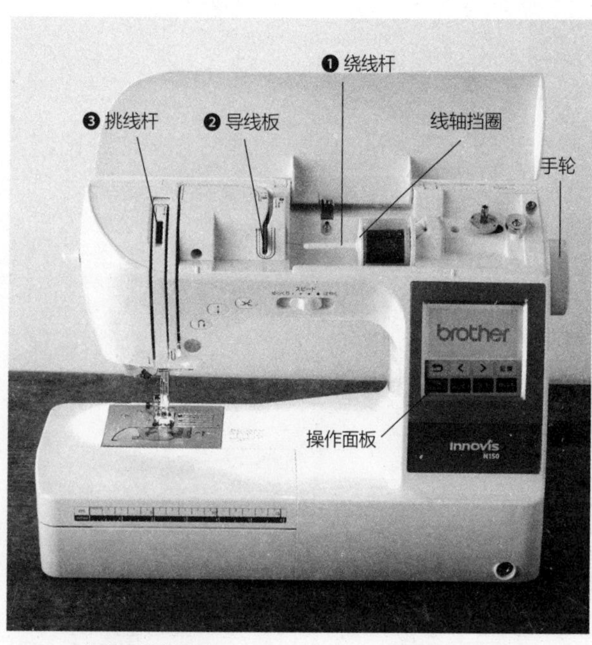

※❶～❺为缠面线的顺序。

○底线

当底线无法正常卷在梭心上时，缝线就会混乱，这也是导致机缝"事故"的原因之一。此外，当梭皮上沉积灰尘，或是被线缠住时，也会导致缝线混乱，因此要记得按时清理。

✓ 均匀缠绕的状态。

✕ 缠线有松有紧，不均匀。缠绕底线时，如果没有使用导线板，则很容易导致这种情况发生。

○面线

按顺序缠面线。出现任何一处偏差都会导致缝纫不畅。

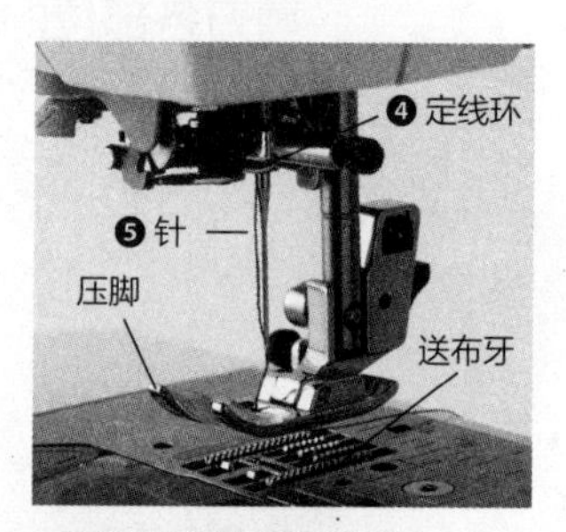

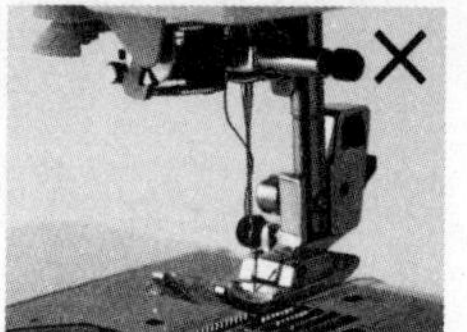

线缠在针上，无法进行正常操作。

一定要先试缝几下

在多余的布料上试缝几下，确认面线和底线的松紧程度以及针脚的大小。
如果制作过程中需要换线或布料重叠发生变化，也建议试缝几下。

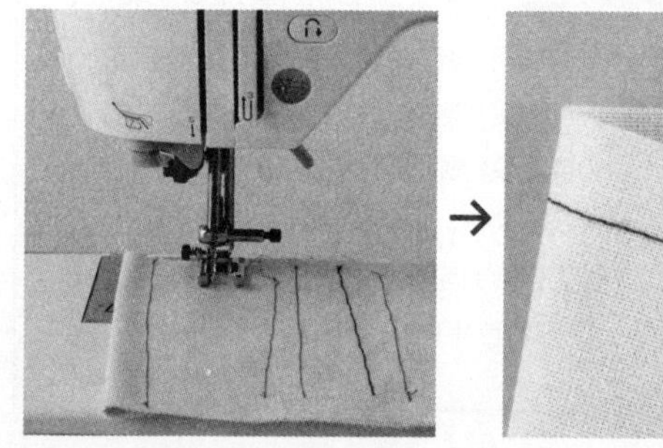

→

这样是可以的

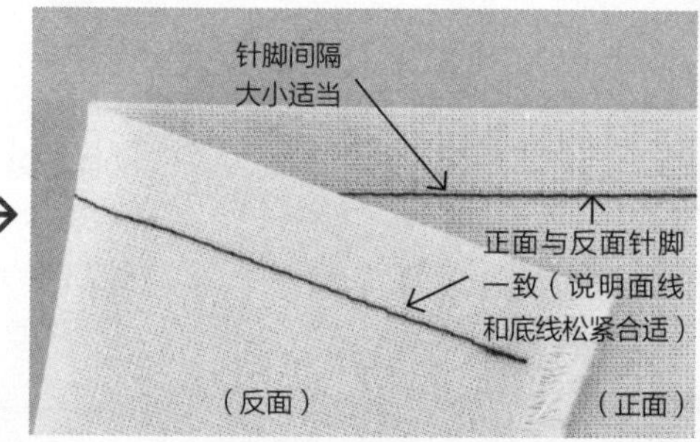

面线和底线松紧不一致

面线松，所以布料下方看起来针脚不紧 ——→ 拉紧面线

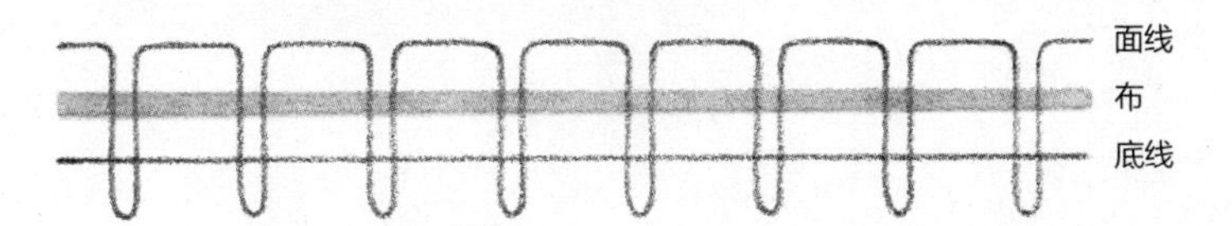

如果还无法修整好，那大概是因为缠线时没有缠好，请重新缠线。

底线松，面线看起来很紧 ——→ 放松面线

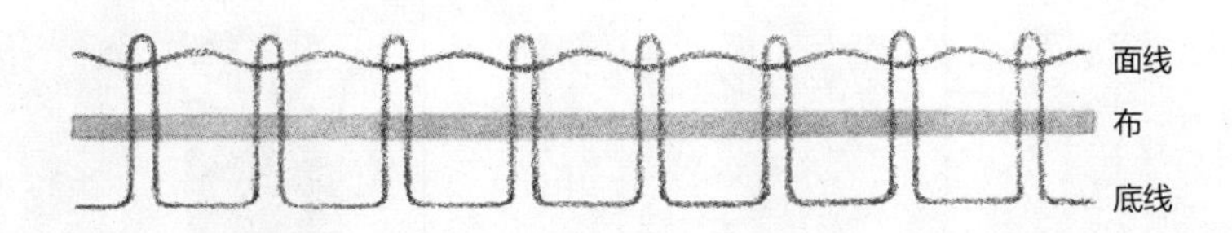

如果还无法修整好，那大概是因为底线没有在梭心上缠好，或是底线走线时梭心的转动方向与线的运动方向相同，也可能是底线没有缠在梭皮里。请取下梭心，重新组装。

面线看起来格外紧 ——→ 重新缠面线

可能是面线被夹在了线轴挡圈处或在什么地方被勾住了。请重新缠面线。

原因不明 ——→

将面线和底线全部拆开，重新组装。很多时候，通过重新缠线就可调整缝线松紧程度。与其在缝纫过程中一点点调整，不如拆开重头来过。

选择针和线

在缝纫中，一般不会一直使用同一种针和线。
如果用粗针缝较薄的布料，针孔会非常明显。
用细针缝较厚的布料，缝线又容易断开。
根据布料的性质，搭配不同的针和线，这也是使包包更加美观的必要步骤。

基本组合

较薄的布料

- 欧根纱
- 细平布
- 纱布等

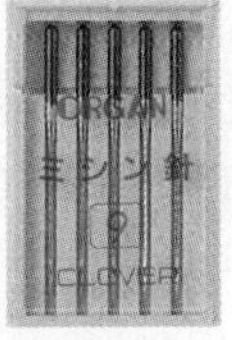

缝纫线——90 号
针——9 号

普通布料

- 密织平纹布
- 床单布等

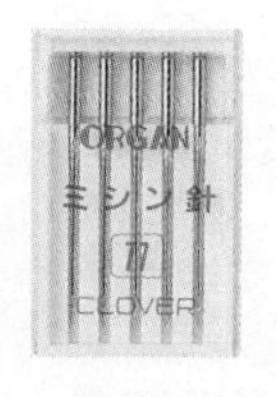

缝纫线——50~60 号
针——11 号

加厚布料

- 牛仔布
- 帆布
- 绗缝布
- 牛津布
- 灯芯绒等

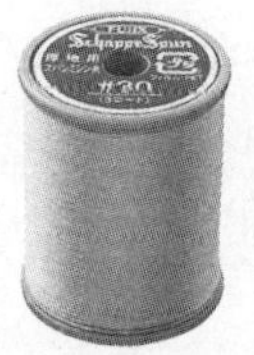
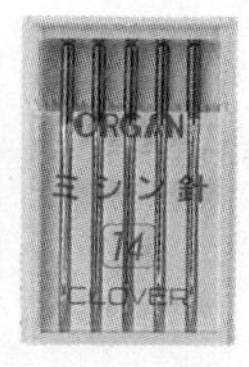

缝纫线——30~60 号
针——14 号

有弹性的布料

- 针织布
- 平纹针织布
- 吸汗布等

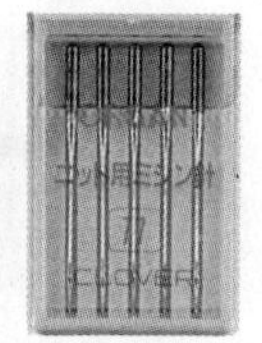

缝纫线——针织布专用
缝纫线 50 号
针——针织布专用针
11~14 号

先选针，再选线

首先选择适合布料的针。普通质地的布料多层叠加缝纫时不能选择 11 号针，而应选择 14 号针。缝制包包时，其实有很多时候需要多层布料叠加缝纫，如将缝份倒向一边缝合时，或缝肩带和提手带时。

缝合较厚的布料也可以使用 50~60 号线

如果是较厚的布料，也不一定必须使用 30 号线。30 号线缝出的针脚比较呆板，松紧也不好调整。缝合这种布料时，也可以使用 50~60 号线，而在特殊部位有所区分即可，如在为口袋等缝装饰线时使用 30 号线。但在缝合较薄的布料或是普通布料时，应该避免使用 30 号线。因为太粗的线会使薄布绽线，无法继续使用。

不要在缝纫机上使用手缝线

机器工作原理和手工操作习惯不同，机缝线与手缝线的拧线方向也是不一样的。机缝线为“顺时针拧线”，而手缝线为“逆时针拧线”。因此，如果将手缝线用在缝纫机上，很容易出现短线等“事故”。

针脚不够美观

针脚有松有紧，不整齐

用较细的缝纫线缝较厚的布料时，缝线方向并未偏斜，但缝出来的针脚却有可能松松垮垮不整齐。这是因为缝线在布料的织线上难以固定。请将缝线换为 30 号线，或是更粗的“装饰线”，当然缝针也需要进行相应替换。

使用 30 号线，面线与底线的松紧难以调节到最佳

家用缝纫机调节缝纫线松紧时，一般只需对面线进行调整，所以如果缝纫线太粗，有时候会比较难以操作。遇到这种情况时，可将粗线用在底线上，面线选择 50~60 号线，然后将希望露出的针脚缝在下面即可。

缝到一半，线断了

面线是穿过针孔后又穿过布料上下运动的，如果用最大速度进行缝纫，有时面线会因为摩擦而断开。缝纫时，请选择合适、稳定的速度。可见，在正式缝纫前，用多余的布试缝非常重要。

跳针

一般是由针尖受损引起的，有时是因为针碰到了固定布料的珠针。这种情况不仅会导致缝纫不畅，还会损伤布料。因此，在缠线前，一定要确认针尖完好无损。

哐啷一声后，缝纫机停止了工作

使用与布料不匹配的针和线，如在较薄的布料上使用 30 号的粗线进行缝纫，就会发生这种情况。请重新选择与布料匹配的针和线。

熨烫

使用熨斗熨烫可以使成品更加美观

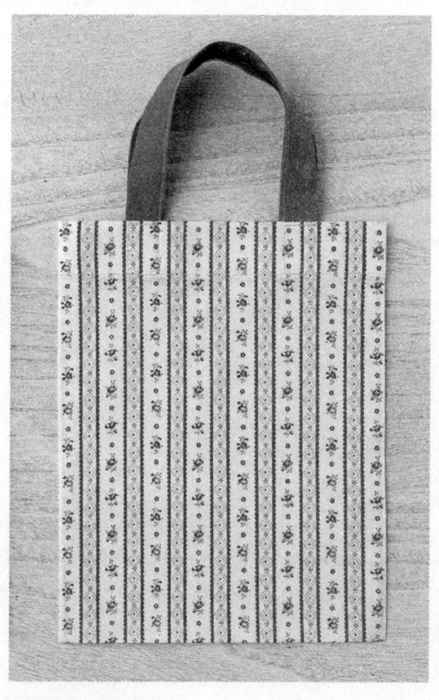

熨烫过的包包

制作时，先使用熨斗修整布纹再剪裁，因此布料图案端正，非常美观。包口的折痕清晰笔直，缝份也处理得干净利落。

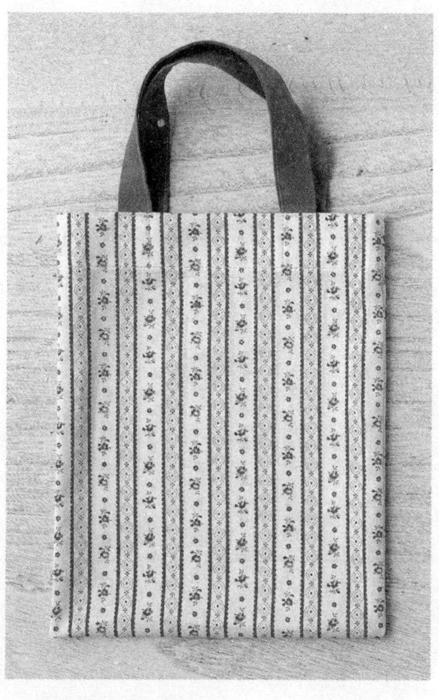

未熨烫过的包包

因为未修整过布纹，所以布料的图案歪斜，折痕和缝份也不平整，整体上给人松松垮垮的印象。

熨斗的使用方法基本可以分为两种

1 滑动

让熨斗在布料上移动。一般在修整布纹（请参考第 82 页）和平整褶皱时都会使用这种方法。

2 下压

按住熨斗，然后将熨斗拿起，再进行移动。一般为贴黏合衬、劈缝份或是倒缝份时使用。

折布

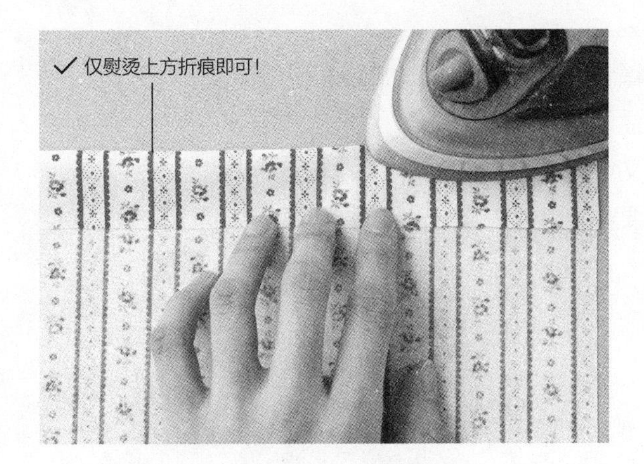

最关键的是“仅熨烫必要的部分”。折布时，用熨斗边缘仅熨烫折痕即可。如果不小心用熨斗接触或熨烫了不必要的部分，可能会导致布料出现额外的褶皱，布料也会拉伸变形。

倒缝份

使缝份倒向单侧

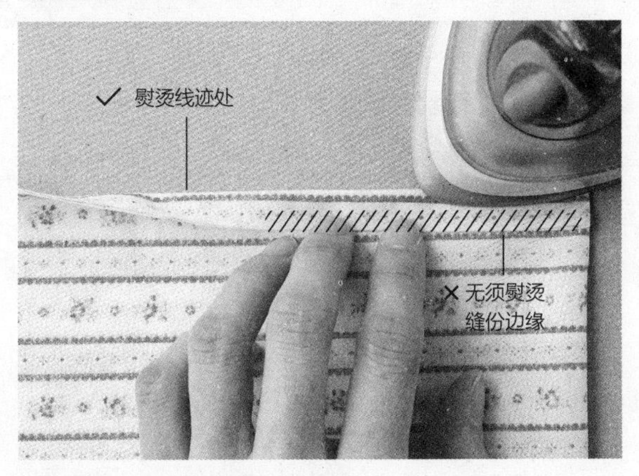

使用熨斗下压熨烫线迹处，注意不要熨到缝份边缘。这是为了防止缝份露出表面。劈缝份的时候也要注意尽量下压熨烫线迹处。

劈缝份

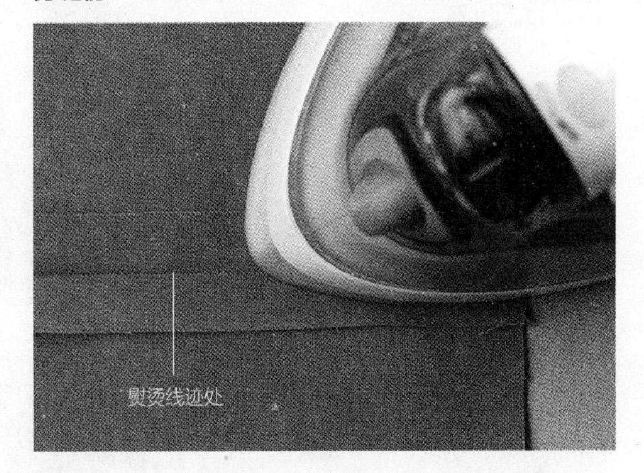

根据布料及熨烫用途选择适当的垫布

贴花或是贴黏合衬时，为防止胶弄脏熨斗，可以铺一块垫布。如果是需要熨烫布料正面，则可以选择一块表面被磨平的旧布当作垫布。

使用锥子

正确的拿法

拿锥子的姿势并非像拿笔一样用指尖握住，而是用手掌顶住锥子柄，这样既易于用力，又能增加稳定性。挑选的锥子要符合自己手掌的大小。

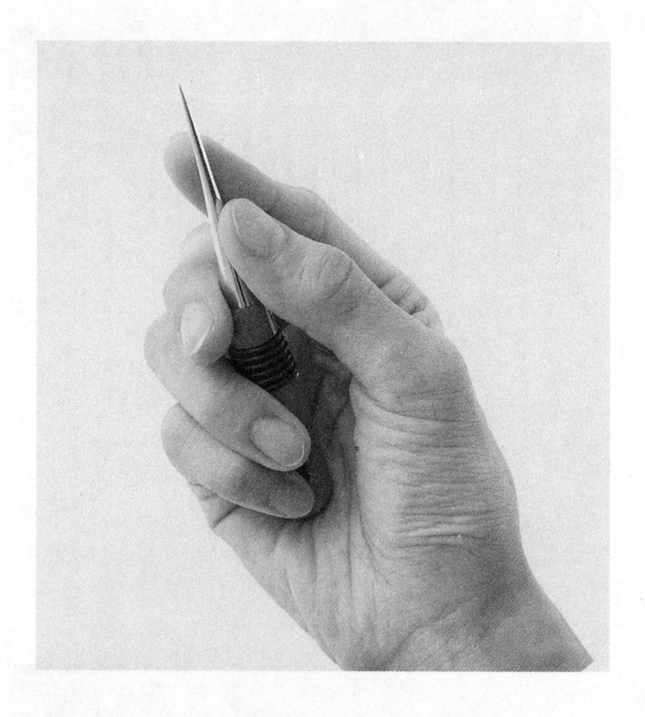

使用方法

1 修整包包的角

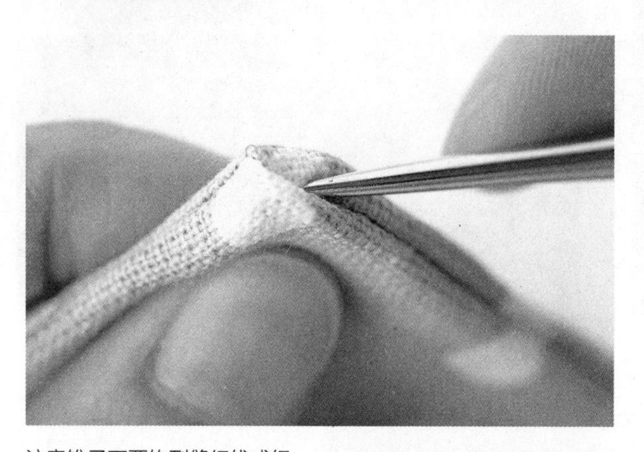

注意锥子不要钩到缝纫线或织线，避免将线弄断。用锥子时不要接触针脚，而是调整内侧缝份，最终为包包整理出平整的角。

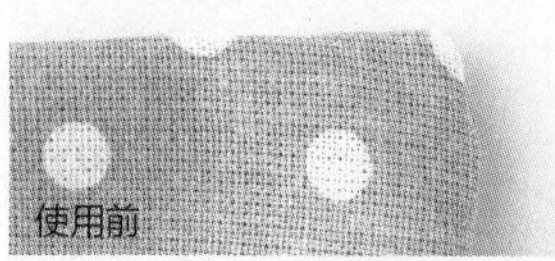

使用前

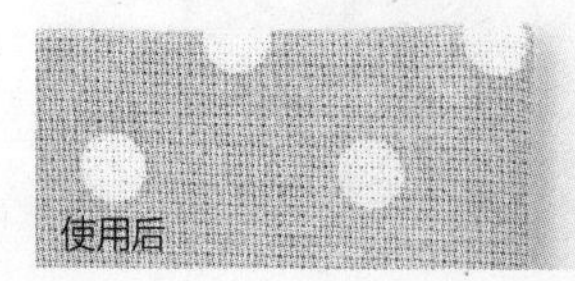

使用后

2 标记口袋等位置

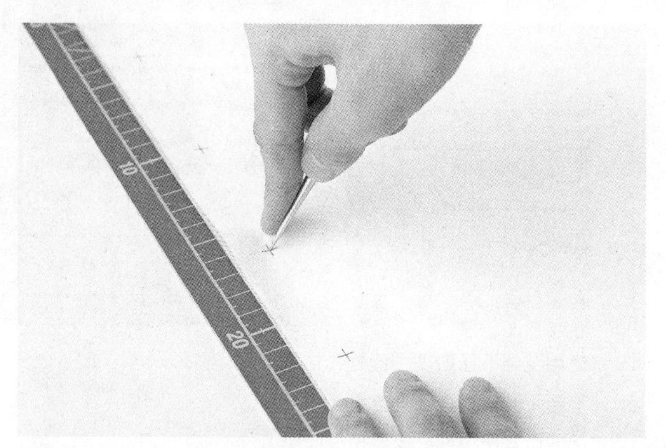

按照纸样在布料内侧做标记时，如果不使用划粉笔，可以使用锥子在纸样上按压做记号。这种方法适用于为口袋边角或是纽扣位置做标记。但应注意，有些精细布料遇到锥子容易被勾丝，因此不适合使用这种标记方法。使用锥子做标记时，一定要在下方铺上垫子。

3 辅助机缝

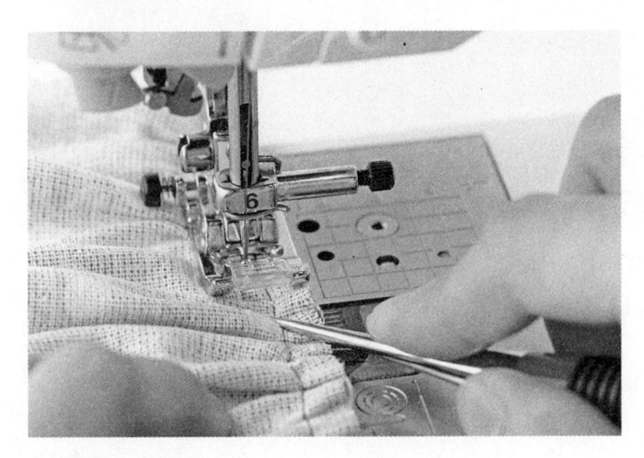

缝褶皱

用锥子稍稍压住布料，用手按住褶子，将布料送进缝纫机压脚下方进行缝合。

缝蕾丝或布条

为防止蕾丝或布条偏移，可以使用珠针将其两端固定，并用锥子按压住即将缝合的部分，将其送进缝纫机压脚下方进行缝合。

4 在针织质地布料上打孔

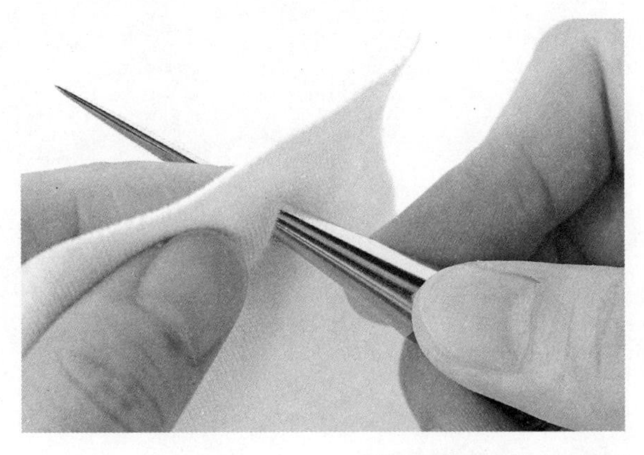

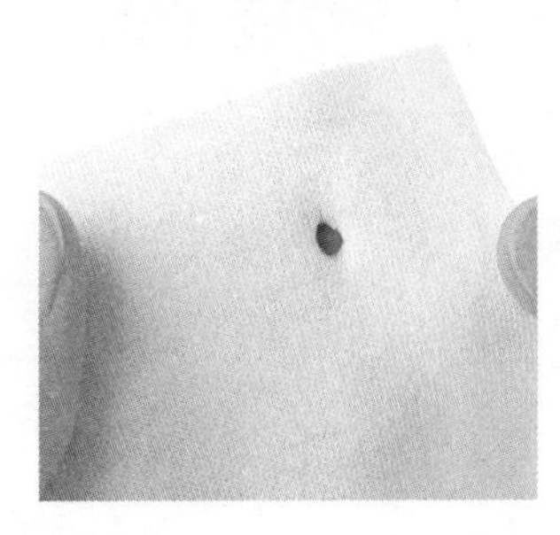

在针织质地的布料上安装按扣时，如果剪断织线打孔，之后布料会散开，孔会变大，五金件也会掉下来。这时可以使用锥子将织线针眼撑开。

5 拆线

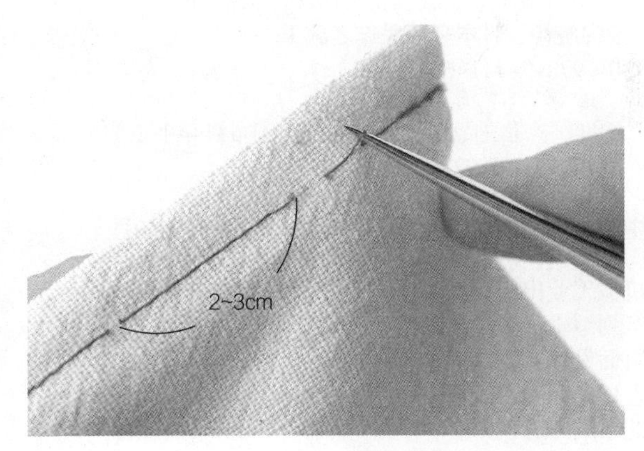

将需要拆除的线以 2~3cm 的间隔剪断，然后用锥子挑出。

装帧设计　若山嘉代子　若山美树 L' espace
摄　　影　吉田笃史
　　　　　冈利惠子（主妇与生活出版社写真编辑室）
　　　　　龟和田良弘（主妇与生活出版社写真编辑室）
插　　图　白井麻衣 若山美树
审　　校　沧流社
策划编辑　若松香织
责任编辑　小柳良子

北京市版权局著作权合同登记　图字：01-2017-9169号。

图书在版编目（CIP）数据

自己做百搭简约风布包 /（日）水野佳子著；袁蒙译.
— 北京：机械工业出版社，2018.9（2025.2重印）
（指尖漫舞：日本名师手作之旅）
ISBN 978-7-111-60238-5

Ⅰ. ①自…　Ⅱ. ①水…　②袁…　Ⅲ. ①布料－手工艺品－制作　Ⅳ. ①TS973.5

中国版本图书馆CIP数据核字（2018）第128540号

机械工业出版社（北京市百万庄大街22号　邮政编码100037）
策划编辑：于翠翠　　责任编辑：于翠翠
封面设计：张　静　　责任校对：孙丽萍
责任印制：常天培
北京瑞禾彩色印刷有限公司印刷

2025年2月第1版・第5次印刷
210mm × 260mm・5印张・11插页・190千字
标准书号：ISBN 978-7-111-60238-5
定价：49.80元

电话服务
客服电话：010－88361066
　　　　　010－88379833
　　　　　010－68326294

网络服务
机　工　官　网：www. cmpbook. com
机　工　官　博：weibo. com/cmp1952
金　　书　　网：www. golden-book. com
机工教育服务网：www. cmpedu. com